劳动预备制教材
职业培训教材

初级冷作工技术

中国劳动社会保障出版社

图书在版编目(CIP)数据

初级冷作工技术/刘洪伟主编. —北京：中国劳动社会保障出版社，2011
劳动预备制教材　职业培训教材
ISBN 978-7-5045-9325-2

Ⅰ. ①初…　Ⅱ. ①刘…　Ⅲ. ①冷加工-职业培训-教材　Ⅳ. ①TG386

中国版本图书馆 CIP 数据核字(2011)第 192891 号

中国劳动社会保障出版社出版发行
(北京市惠新东街 1 号　邮政编码：100029)
出 版 人：张梦欣
*
北京谊兴印刷有限公司印刷装订　新华书店经销
787 毫米×1092 毫米　16 开本　6.25 印张　145 千字
2011 年 9 月第 1 版　2011 年 9 月第 1 次印刷
定价：12.00 元

读者服务部电话：010-64929211/64921644/84643933
发行部电话：010-64961894
出版社网址：http：//www.class.com.cn

前　言

《中华人民共和国就业促进法》规定："国家采取措施建立健全劳动预备制度，县级以上地方人民政府对有就业要求的初高中毕业生实行一定期限的职业教育和培训，使其取得相应的职业资格或者掌握一定的职业技能。"

为进一步加强劳动预备制培训教材建设，满足各地实施劳动预备制对教材的需求，我们会同中国劳动社会保障出版社，组织有关人员对2000年出版的机械加工、电工、计算机、汽车、烹饪、饭店服务、商业、服装、建筑等类劳动预备制培训的专业课教材进行修订改版，并新编了美容美发、保健护理、物流、数控加工、会计、家政服务等类专业课教材。

在组织修订、编写教材时，考虑到接受培训人员的实际水平，为了使学员在较短时间内掌握从业必备的基本知识和操作技能，我们力求做到学习的理论知识为掌握操作技能服务，操作技能实践课题与生产实际紧密结合，内容深入浅出、图文并茂，增强教材的实用性和可读性。同时，注意在教材中反映新知识、新技术、新工艺和新方法，努力提高教材的先进性。

为了在规定的期限内更好地完成劳动预备制培训，各专业按照公共课+专业课的模式进行教学。公共课分为必修课和选修课，教材为《法律常识》《职业道德》《就业指导》《计算机应用》《劳动保护知识》《应用数学》《实用写作》《英语日常用语》《实用物理》《交际礼仪》。专业课教材分为专业基础知识教材和专业技术（理论和实训一体化）教材。

在这批教材的修订、编写过程中，编审人员克服各种困难，较好地完成了任务。在此，谨向付出辛勤劳动的编审人员表示衷心感谢。

由于编写时间有限，教材中可能有一些不足之处，我们将在教材使用过程中听取各方面的意见，适时进行修改，使其趋于完善。

人力资源和社会保障部教材办公室

简　介

本书是劳动预备制机械加工类专业技术教材，参照《冷作钣金工国家职业技能标准》的初级要求，并结合企业岗位需求编写。主要内容包括展开放样、钳工基本知识、矫正、下料、成形、装配、连接等理论知识和操作技能。

本书各模块按照知识技能点的要求，将理论和实训有机地结合在一起。为方便学员进行复习和自我检测，各模块后都设置了练习题，并在书后提供了参考答案；为强化对学员操作技能的培养，对核心技能配备了实训与指导。通过对本书的学习，学员能够同步掌握初级冷作工的理论知识与操作技能，达到企业对初级冷作工职业能力的要求。

本书由刘洪伟主编，董楠楠、刘新海参编，梁东晓主审。

目 录

第一单元　展 开 放 样

模块一　放样与号料概述

知识技能要求

1. 放样的概念及放样基准的选择。
2. 掌握常用放样工具的具体操作。
3. 了解号料的概念及合理用料。

放样是制造金属结构的一道重要工序，它对保证产品质量、缩短生产周期、节约原材料等都有重要影响。

一、放样

1. 放样的概念

放样又称放大样。根据施工图的要求按正投影的原理把零部件以1:1的比例划到放样地板上，这样划出的图叫放样图，划放样图的过程就叫放样。金属结构的放样一般要经过线型放样、结构放样、展开放样三个过程。也有些构件（如桁架类）完全由平板或杆件组成，无须展开，放样时无展开放样过程。

（1）线型放样。线型放样就是根据结构制造需要，绘制构件整体或局部轮廓（或若干组剖面）的投影基本线型。

进行线型放样时要注意：

1）根据所要绘制图样的大小和数量多少，安排好各图在样台上的位置。为了节省放样台面积和减轻放样劳动强度，大型结构的放样，允许采用部分视图重选或单向缩小比例的方法。

2）选定放样划线基准。放样划线基准就是放样划线时，用以确定其他点、线、面空间位置的依据。图样上确定点、线、面相对位置的基准称为设计基准。放样划线基准通常与设计基准是一致的。

在平面上确定几何要素的位置需要两个独立坐标，所以放样划线时每个图要选取两个基准。放样划线基准一般可按如下三种方式选择：

以两条互相垂直的线（或两个互相垂直的面）作为基准，如图1—1a所示。

以两条中心线为基准，如图1—1b所示。

以一个面和一条中心线为基准，如图1—1c所示。

应当指出，较短的基准线可以直接用钢直尺或弹粉线划出，而对于外形尺寸长达几十米甚至超过百米的大型金属结构，则需用拉钢丝配合角尺或悬挂线锤的方法划出基准线。目前某些工厂已采用激光经纬仪，作出大型结构的放样基准线，可以获得较高的精确度。作好基

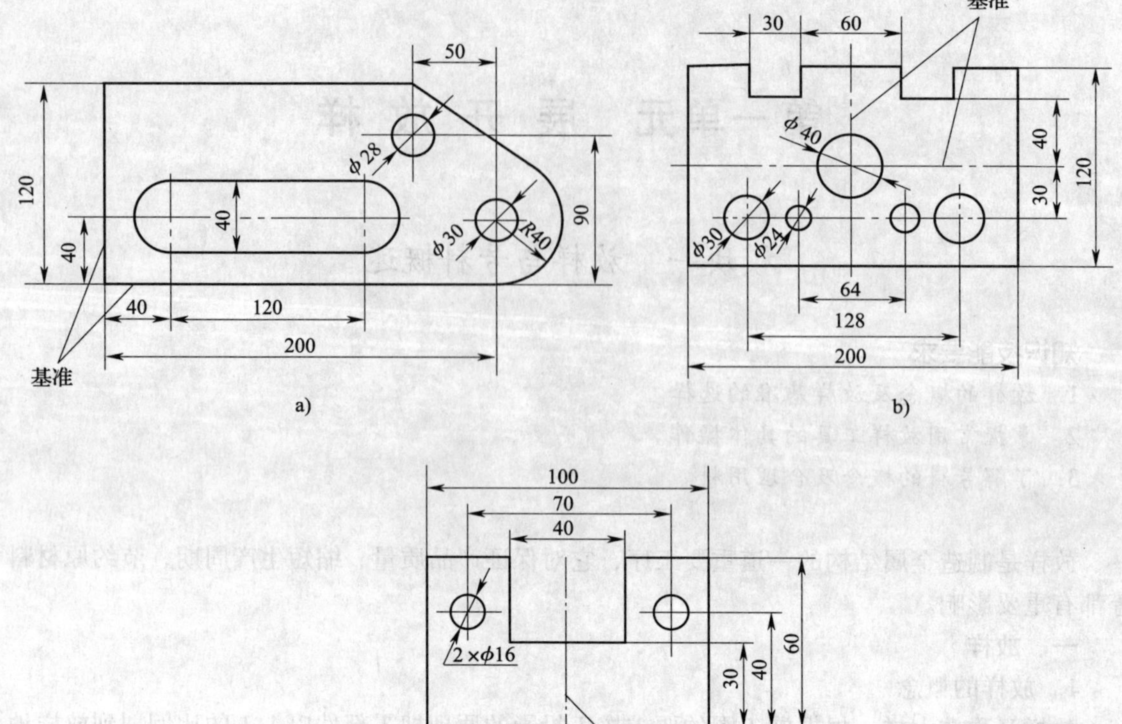

图 1—1 放样基准

a）以两个相互垂直的平面为基准 b）以两条中心线为基准 c）以一个平面和一条中心线为基准

准线后，还要经过必要的检验，并标注规定的符号。

3）线型放样以划出设计要求必须保证的轮廓线型为主，而那些因工艺需要而可能变动的线型则可暂时不划。

（2）结构放样。结构放样就是在线型放样的基础上，依制造工艺要求进行工艺性处理的过程。它一般包含如下内容：

1）确定各部分接合位置及连接形式。在实际生产中，由于材料规格及加工条件等限制，往往需要将原设计中的整件分为几部分加工、组合。这时，需要放样者根据构件实际情况，正确、合理地确定接合部位置及连接形式。此外，对原设计中的连接部位结构形式也要进行工艺分析，其不合理的部分要加以修改。

2）根据加工工艺及工厂实际生产加工能力，对结构中的某些部位或构件给以必要的改动。

3）计算或量取零、部件料长及平面零件的实际形状，绘制号料草图，制作号料样板、样杆、样箱，或按一定格式填写数据，供数控切割使用。

4）根据各加工工序的需要，设计胎具或胎架，绘制各类加工、装配草图；制作各类加工、装配用样板。

需要强调的是，结构的工艺性处理一定要在不违背原设计要求的前提下进行。对设计上有特殊要求的结构或结构上的某些部位，即便加工有困难，也要尽量满足设计要求。凡是对结构作较大的改动，须经设计部门或产品使用单位有关设计部门同意，并由本单位技术负责人批准，方可进行。

（3）展开放样。展开放样是在结构放样的基础上，对不反映实形或需要展开的部件进行展开，以求取实形的过程。其具体过程如下：

1）板厚处理。根据加工过程中的各种因素，合理考虑板厚对构件形状、尺寸的影响，划出欲展开构件的单线图（即理论线），以便据此展开。

2）展开作图。即利用已划出的构件单线图，运用投影理论和钣金展开的基本方法，作出构件的展开图。

3）根据已作出的展开图，制作号料样板或绘制号料草图。

2. 常用放样量具、工具及其使用

（1）放样量具及其使用

1）木折尺。常用的木折尺有两种：四折木尺，其长度为500 mm；八折木尺，其长度为1 000 mm。木折尺一般用于常温下测量精度要求不高的工件。

2）钢直尺。钢直尺尺寸的规格较多，冷作工常用的为1 000 mm长度。

3）钢卷尺。钢卷尺由带刻度的窄钢片带制成，全长可卷入盒内，携带方便。常用的钢卷尺规格有1 m和2 m两种，较长的有20 m和50 m的钢卷尺，通常称为盘尺。

4）90°角尺（弯尺）。90°角尺由相互垂直的长、短两直尺制成，如图1—2所示，主要用于测量构件垂直度或划垂线。

90°角尺在使用期间，应经常对其角度进行检查，以免在测量或划线时出现误差，检查方法如图1—3所示。

5）内、外卡钳。内、外卡钳是辅助测量用具。内卡钳主要用于测量零件上孔或管子的内径（见图1—4a），外卡钳则用于零件外部尺寸及板厚的测量（见图1—4b）。

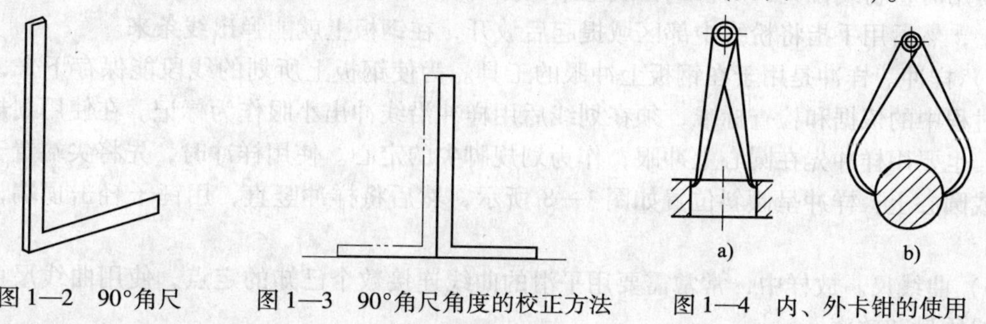

图1—2　90°角尺　　图1—3　90°角尺角度的校正方法　　图1—4　内、外卡钳的使用

（2）放样工具及其使用

1）划针。划针是在钢板平面上划出凹痕线段的工具，如图1—5所示。

划针通常采用直径为4 ~6 mm、长200 ~300 mm的弹簧钢丝或高速钢制成，尖端必须经过淬火，以提高其硬度，或者在尖端处焊一段硬质合金，然后刃磨，以保持锋利。

划针的刃磨角度为15° ~20°。用钢丝制成的划针用钝后，需要重磨，重磨时边磨边用水冷却，以防针尖过热退火而变软。使用划针时，用右手握持，使针尖与直尺底边接触，针杆向外倾斜15° ~20°，同时向划线方向倾斜45° ~75°，如图1—6所示。需要强调的是划线应一次完成，不要连续重划，否则线条变粗，模糊不清。

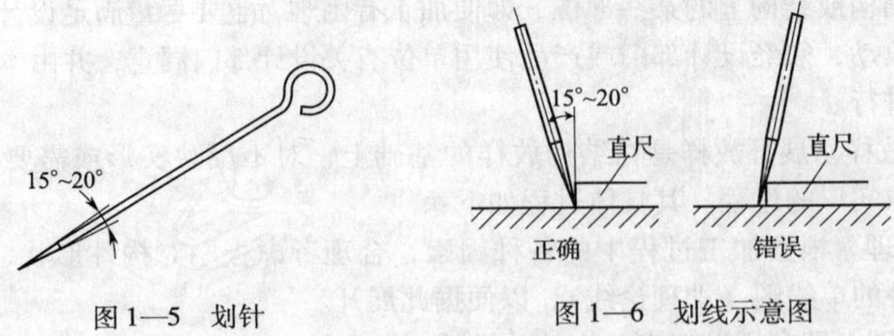

图 1—5　划针　　　　　　图 1—6　划线示意图

2）划规。划规是用于在钢板平面上划圆弧、求圆心、划垂线或分段测量长度的工具。

划规一般采用 45 钢制成，要保证两脚的长短一致，为了保证脚尖锋利，可经热处理淬火，有的划规在两脚端部焊上一段硬质合金，耐磨性就更好。使用划规时，须将旋转中心的一个脚尖插在作为圆心的孔眼内定心，并施加较大的压力，另一脚则以较轻的压力在材料表面划出圆或圆弧，这样可保证中心不会移动，如图 1—7 所示。

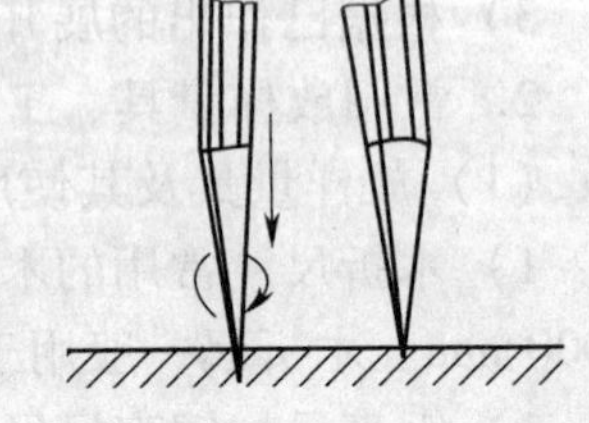

图 1—7　使用划规的示意图

3）长杆划规。长杆划规是划大圆、大圆弧、垂线或分段测量长线段的工具。

长杆划规是以硬质木板（厚度为 12 ~ 20 mm，宽为 30 ~ 40 mm，长为 1 000 ~ 3 000 mm）或表面光洁的钢管作长杆，在长杆上套两只可以移动并可以调节的圆规脚，圆规脚位置调整后用紧固螺钉锁紧。

4）粉线。划长的直线时，很难用直尺一次划成，如果用直尺分几段划，则不能保证直线度，只有利用粉线，才可提高划长直线的工作效率与准确性。

使用时将粉线拉直，用粉笔在线上来回擦动后（或使用粉袋），将绷紧的粉线两端按在钢板上，然后用手指将粉线中部区域提起后放开，在钢板上就能弹出线条来。

5）样冲。样冲是用于在钢板上冲眼的工具。为使钢板上所划的线段能保存下来，作为加工过程中的依据和检查标准，须在划线后用样冲沿线冲出小眼作为标记。在使用划规划圆弧前，也要用样冲先在圆心上冲眼，作为划规脚尖的定心。使用样冲时，先将尖端置于所划的线或圆心上，样冲呈倾斜位置如图 1—8 所示，然后将样冲竖直，用锤子轻击顶端，冲击孔眼。

6）曲线尺。放样中，常常需要用平滑的曲线连接数个已知的定点，使用曲线尺可以提高划线质量和效率。

7）划线盘。划线盘是在平台上划线或校正工件位置常用的工具。它由底座、支杆、划针和夹紧螺母等组成。

划线盘的直头端常用来划线，弯头端常用来校正工件的位置。

划线时，应使划针尽量处于水平位置，不要倾斜太大角度；划针伸出的部分应尽量短些，这样划针的刚度较好，不易抖动；划针要夹紧，避免尺寸在划线过程中变动。在移动底座时，一方面要将针尖靠紧工件，划针与工件的划线面之间沿划线方向要倾斜一定角度；另一方面应使底座与平台台面紧紧接触，而无摇晃或跳动现象。因此，要求底座与平台的接触面应平整干净。

8）划线规。划线规用做划与型钢边相平行的直线，如图 1—9 所示。

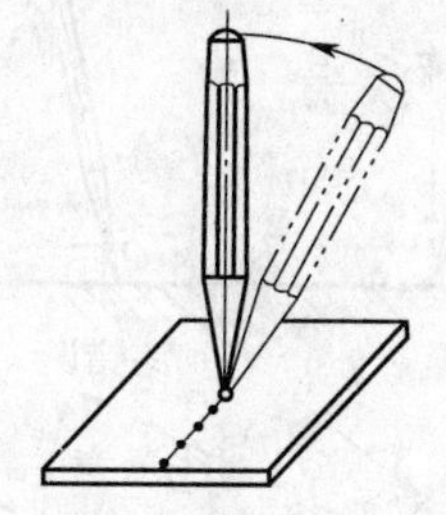

图 1—8　样冲操作示意图

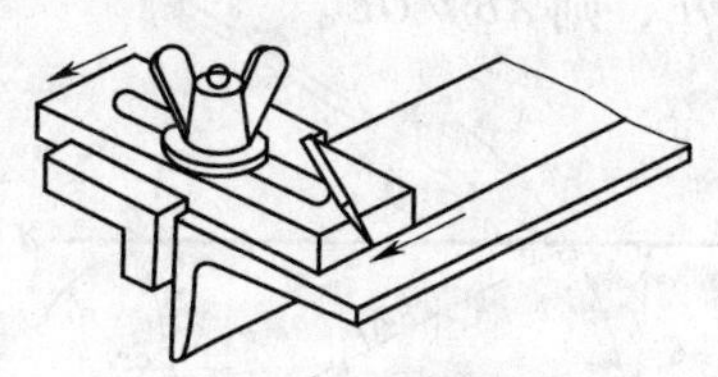

图 1—9　划线规

使用时，将划线规的端板靠住型钢的边缘，将划针靠在划线规上，移动划线规，用划针划出与型钢边相平行的直线。划针尖与端板的距离可以随需要而调整。

3. 基本的几何作图方法

（1）直线的任意等分法。已知直线 *AB*，将其 5 等分，如图 1—10 所示，其作法如下：

1）过 *A* 点作斜线 *CA*，使∠*BAC* 为 20°～40°。

2）过 *A* 点取适当长在 *AC* 上截取 5 等分，得 1、2、3、4、5 点。

3）连接 *B*、5 两点，过 *AC* 线上 4、3、2、1 各点分别作平行于 5*B*（即 55′）的直线，交 *AB* 直线于 4′、3′、2′、1′各点，则 A1′、1′2′、2′3′、3′4′、4′5′（4′*B*）即为所求的五等分。

（2）平行线的画法

1）作法一：求作平行于已知直线 *ab*，且相距为 *R* 的另一直线 *cd*。作法如图 1—11 所示。

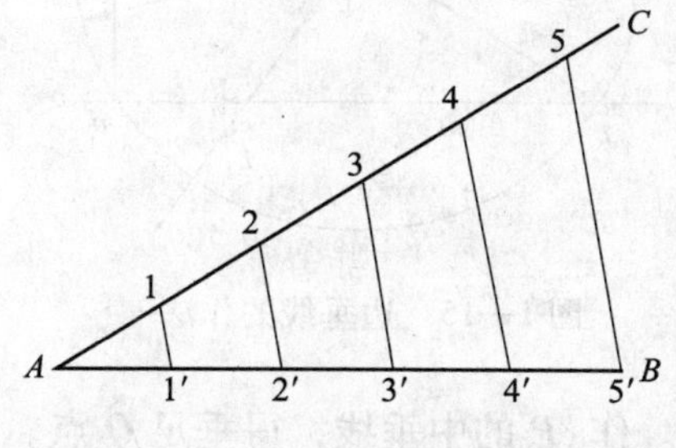

图 1—10　直线的任意等分法

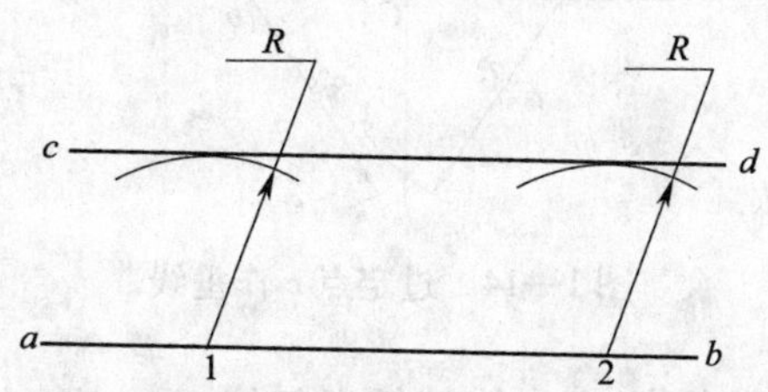

图 1—11　作相距 *R* 的平行线

在已知直线上任取两点 1、2，然后分别以 1、2 为圆心，取 *R* 为半径向同一侧画弧，再作两弧的公切线 *cd*，则 *ab*∥*cd*。

2）作法二：已知直线 *ab* 和直线外任意一点作平行线，如图 1—12 所示。

以 *p* 点为圆心，取 R_1（大于 *p* 点到 *ab* 的垂直距离）为半径作弧，交 *ab* 直线于 *e* 点。以 *e* 点为圆心，R_1 为半径画弧交 *ab* 直线于 *f* 点。再以 *e* 点为圆心，取 R_2 等于 *fp* 直线为半径画弧交于 *q* 点，过 *q*、*p* 两点作 *cd* 直线，则 *cd*∥*ab*。

3）作法三：已知直线 *AB* 及直线外一点 *O* 作平行线，如图 1—13 所示。

①以 *O* 为圆心，取 *R*（大于 *O* 点到 *AB* 的垂直距离）为半径画弧，交 *AB* 直线于 *a*、*b* 两点。

②以 a 为圆心，取 aO 的长 R 为半径画弧交 AB 于 c 点。

③以 c 点为圆心，仍取 R 为半径画弧交原弧于 E 点。

④连接 OE，则 $AB /\!/ OE$。

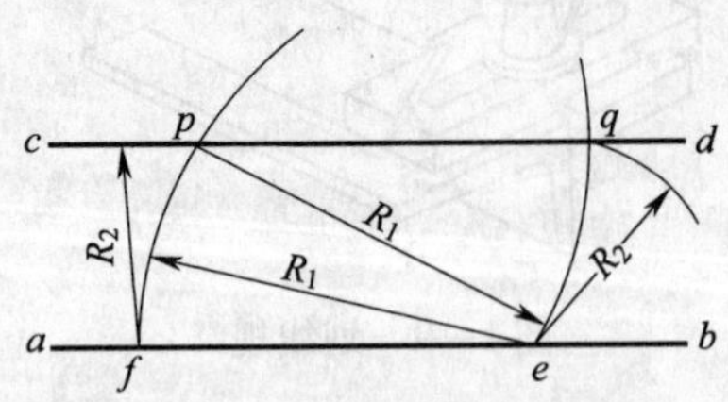

图 1—12　直线外任意一点作平行线

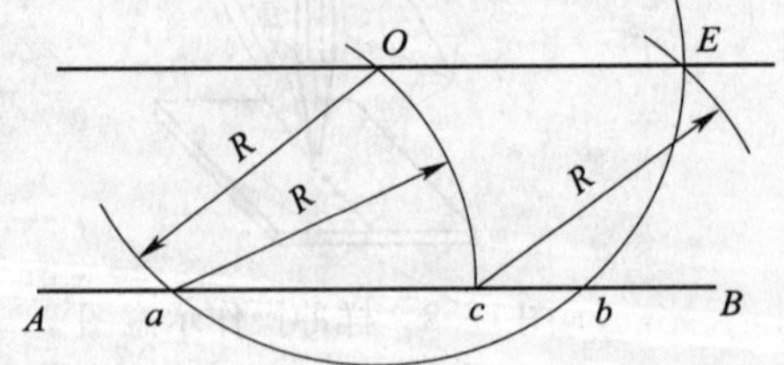

图 1—13　直线外一点作平行线

（3）垂线的画法

1）在已知直线 AB 上作任意点 C 的垂线（见图 1—14）。以 C 点为圆心，取 R_1（$<AC$ 和 BC）为半径画弧，交 AB 于 a、b 点。分别以 a、b 点为圆心，取 R_2（$>R_1$）为半径画弧，在 AB 两侧相交得 e、f 两点。连接 e、f 两点，则 ef 垂直 AB，且过 AB 上 C 点（C 点即为垂足点）。

2）边垂线的作法。在已知 ab 直线外作任意点 P 的垂线，作法如图 1—15 所示。

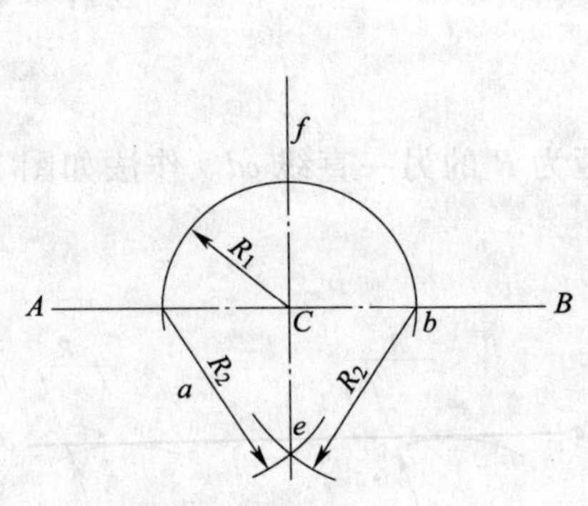

图 1—14　过定点 c 作垂线

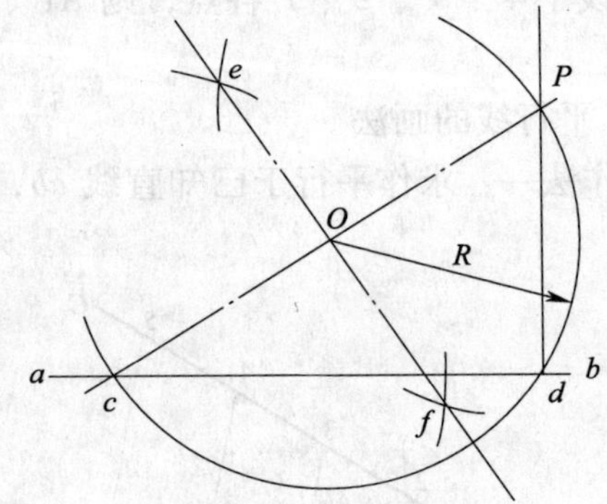

图 1—15　边垂线的作法

过 P 点作 ab 直线的任意斜线 Pc，交 ab 于 c 点。作 cP 的中垂线，得垂足 O 点。以 O 点为圆心，取 $\frac{1}{2}Pc$ 为半径 R 画弧，交 ab 于 d 点。连接 Pd，则 $Pd \perp ab$，且过 ab 外 P 点。

除上述的方法外，作边垂线还可以用勾股定理求得。

（4）角的等分

1）作已知直角的三等分，如图 1—16 所示。

①以 Rt$\angle abc$ 的顶点 b 为圆心，取 R（不大于直角边长）为半径画弧，交直角边于 1、2 点。

②分别以 1、2 点为圆心，同取 R 为半径画弧，交弧得 3、4 点。

③连接 $4b$、$3b$，即得三等分直角，且 $\angle ab4 = \angle 4b3 = \angle 3b2 = 30°$。

2）作任意角度的作图步骤如下：

图 1—17 所示 $\angle abc$ 为 49°角，以 ab 直线上 b 点为圆心，取 $R = 57.3$ mm 长为半径画弧。

此时弧线上每 1 mm 与 b 点的连线，其夹角为 1°（理由：57.3×2×3.1416≈360°），所以在弧线上量取 49 mm，即夹角为 49°。在实际工作中，若想放大，取 $R=57.3l$ 长为半径作弧，这时作 49°角，可在弧线上量取 $49l$ 的弧长，即此时的每度应在弧上量取 l 的长度。

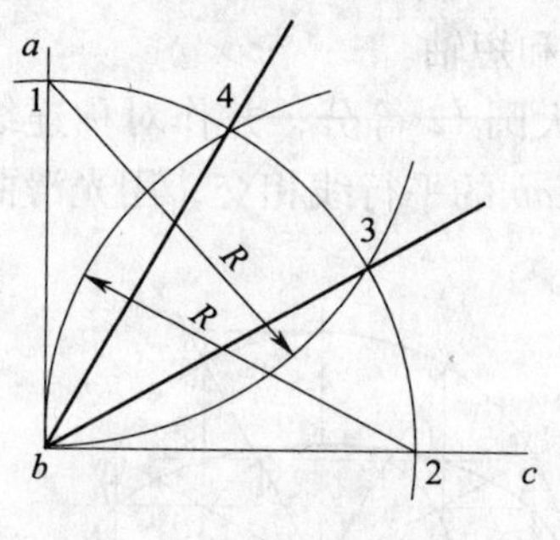

图 1—16　90°角三等分

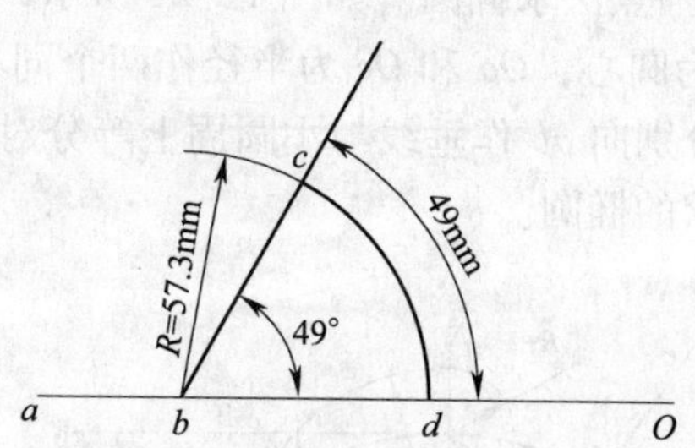

图 1—17　求作任意角度

（5）圆的等分

1）作已知圆周的三、四、五、六、七、十、十二等分，如图 1—18 所示。取十字垂线的垂足点 O 为圆心，画圆（半径 R 为已知），得 a、b、c、d 四点。

以 b 为圆心，取 R 为半径作弧，得交点 e、f，连接 ef 得中点 g。以中点 g 为圆心，取 R_1 等于 cg 画弧得交点 h。分别取 ef、bc、ch、be、eg、Oh、ce 长等分该圆周，连接各等分点，即得圆周三、四、五、六、七、十、十二等分，亦即内接正三、四、五、六、七、十、十二边形。

2）作已知圆的任意等分，如图 1—19 所示（图 1—19 为七等分）。将圆的直径 ac 七等分，分别以 a、c 为圆心，取 $R=ca$ 长为半径画弧得 P 点。P 点与直径等分的偶数点（或奇数点）相连（图为与偶数点相连），并延长连线，使其与圆周交于 e、f、g 点，则 ce、ef、fg 即为所求的等分长。用一等分长在圆周上量取（或同理作出另一半圆的等分点），然后连接各点，即为所求的正七边形。

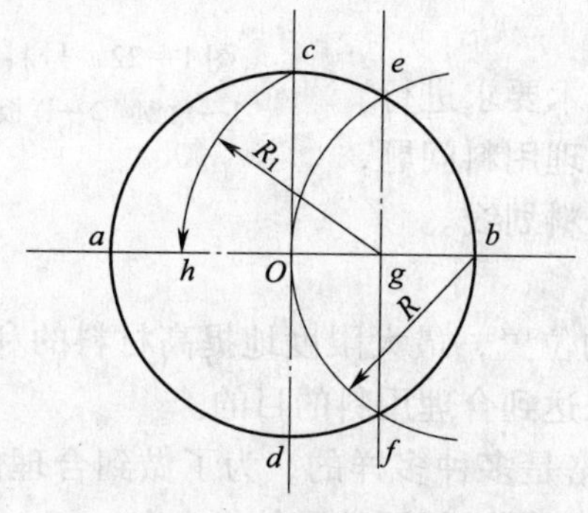

图 1—18　圆的多等分

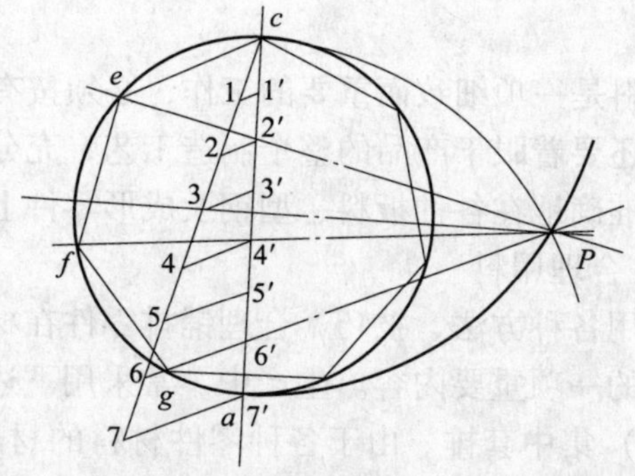

图 1—19　圆的任意等分

（6）椭圆的几种求法

1）用四心法求椭圆。如图 1—20 所示，已知长轴 L 和短轴 l。

根据已知尺寸作 ab 垂直平分线 ce，并交于 O 点，以 O 为圆心，取 Ob 为半径画弧交 Oc 延长线于 f 点，以 c 点为圆心，取 $R_1=cf$ 为半径画弧交 ac 于 b' 点。作 ab' 的垂直平分线，并

分别交 ab 于 $1'$ 点、ce 于 $2'$ 点；在 Ob 和 Oc 线上分别截取 $O1'$、$O2'$ 的长度得 $3'$、$4'$ 两点。再分别以 $2'$、$4'$ 为圆心，以 $c2'$ 为半径画弧得 14 和 23。分别以点 $1'$、$3'$ 为圆心，以 $a1'$ 为半径画弧得 12 和 34，即完成所求的椭圆。

2）用描点法求椭圆。如图 1—21 所示，已知长轴和短轴。

以 O 为圆心，Oa 和 Oc 为半径作两个同心圆，将大圆 12 等分，并作对称连线，将大圆上的各点分别向 ab 作垂线与小圆周上等分对应各点作 ab 的平行线相交，用光滑曲线连接各交点得所求的椭圆。

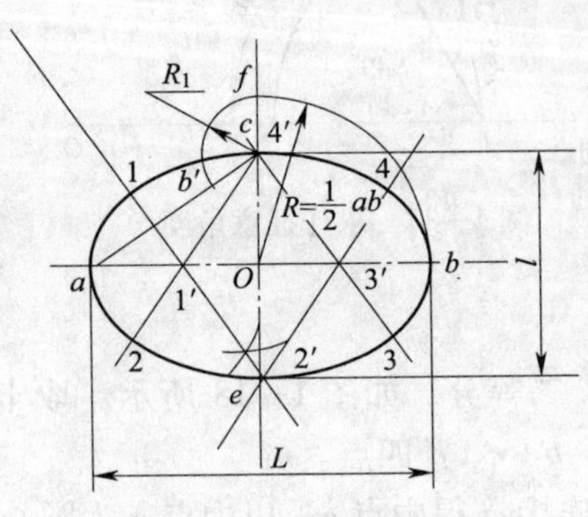

图 1—20　四心法求椭圆

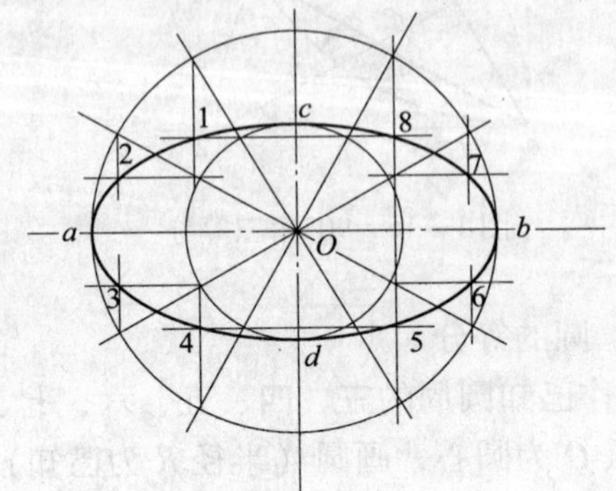

图 1—21　描点法求椭圆之一

二、号料

1. 号料的概念

利用样板、样杆、号料草图及放样得出的数据，在板料或型钢上划出零件真实的轮廓和孔口的真实形状，与之连接构件的位置线、加工线等，并注出加工符号，这一工作过程称为号料。号料通常由手工操作完成（见图 1—22），目前光学投影号料、数据号料等一些先进的号料方法，也正在被逐步采用，以代替手工号料。

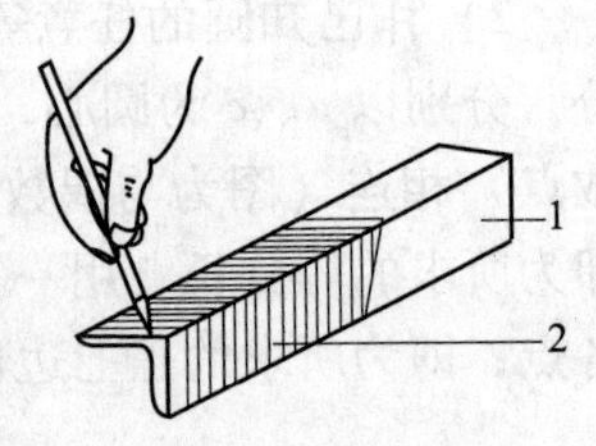

图 1—22　号料

1—角钢　2—样板

号料是一项细致而重要的工作，必须按有关的技术要求进行。同时，还要着眼于产品的整个制造工艺，充分考虑合理用料问题，灵活而准确地在各种板料、型钢及成形零件上进行号料划线。

2. 合理用料

利用各种方法、技巧，合理铺排零件在材料上的位置，最大限度地提高材料的利用率，是号料的一项重要内容。生产中，常采用下述方法来达到合理用料的目的。

（1）集中套排。由于各种零件材料的材质、规格是多种多样的，为了做到合理使用原材料，在零件数量较多时，可将使用相同牌号材料，且厚度相同的零件集中在一起，统筹安排，长短搭配、凸凹相就。这样便可充分利用原材料，提高材料的利用率，如图 1—23 所示。

（2）余料利用。由于每一张钢板或每一根型钢号料后，经常会出现一些形状和长度大小不同的余料。将这些余料按牌号、规格集中在一起，用于小型零件的号料，可最大限度地提高材料的利用率。

目前，在某些工厂，上述合理用料工作已由计算机来完成，并与数控切割等先进下料方法相匹配。

3．二次号料

对于某些加工前无法准确下料的零件（如某些热加工零件、有余量装配等），往往在一次号料时留有充分的余量，待加工后或装配时再进行二次号料。

在进行二次号料前，结构的形状必须矫正准确，消除结构存在的变形，并进行精确定位。中、小型零件可直接在平台上定位划线，如图1—24所示。大型结构则在现场用常规划线工具，并配合经纬仪等进行二次号料划线。

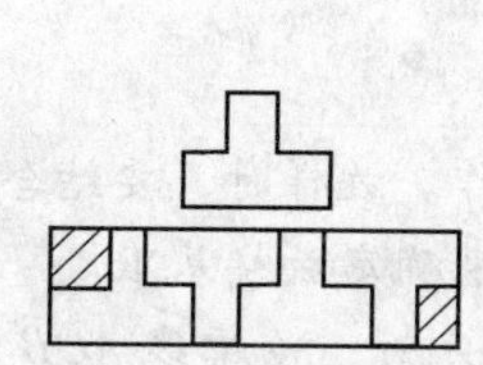

图1—23　集中套排号料

图1—24　小型零件在平台上二次号料

4．号料允许误差

号料划线是为加工提供直接依据。为保证产品质量，对号料划线偏差要加以限制。常用的号料允许误差值见表1—1。

表1—1　　**常用号料项目允许误差**

名称	允许误差（mm）	名称	允许误差（mm）
直线	±0.5	减轻孔	±（2~5）
曲线	±（0.5~1）	料宽和长	±1
结构线	±1	两孔（钻孔）距离	±0.5~1
钻孔	±0.5		

练习与实训

一、练习题

1．填空题

（1）图样上确定点、线、面相对位置的基准，称为________。

（2）样板按用途分类有________、________和________三类。

（3）放样划线基准就是放样划线时，用以确定其他________、________、________空间位置的依据。

2．选择题

（1）进行放样时要选定放样划线基准，放样划线时每个图至少要选取（　　）个基准。

A．一　　　　B．两　　　　C．三

(2) 放样时，有许多线条要划，通常是以（　　）开始的。

A. 垂线　　　　　B. 平行线　　　　　C. 基准

(3) 放样划线基准，通常与（　　）一致。

A. 测量基准　　　B. 设计基准　　　C. 装配基准

二、实训与指导

实训一：平面图形的放样

1. 目的要求

通过对图 1—25 所示的加强肋板图样进行放样训练，掌握正确的平面放样方法。

2. 工具与量具

划针、90°角尺、钢直尺、划规。

3. 实训指导

平面图形的放样可直接在原材料上号料，或进行样板制作。放样时，要结合零、部件的使用及加工方法，按前面介绍的判断图样设计基准的方法，来确定放样基准。

从图 1—25 所示图样显示的零件形状及实际应用情况来分析，轮廓线 *AOB* 段显然是放样基准。放样操作步骤如下：

(1) 划出放样基准线 $AO \perp OB$，如图 1—26 所示。

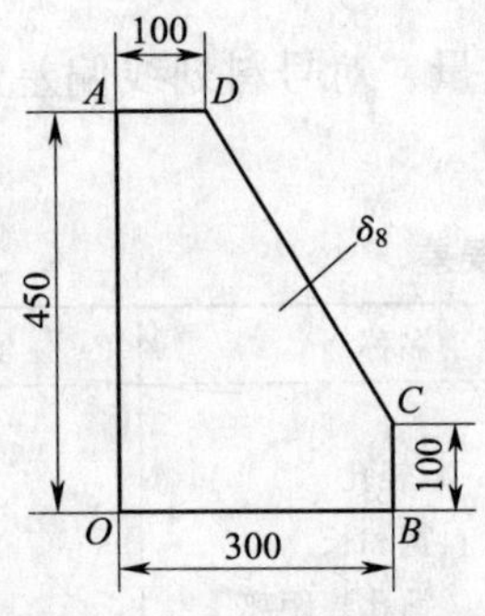

图 1—25　加强肋板

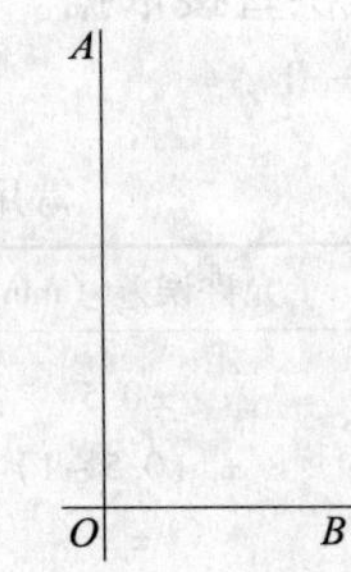

图 1—26　基准线的示意图

(2) 在 *AO* 上截取 $AO = 450$ mm，在 *OB* 上截取 $OB = 300$ mm。过 *A* 点作 *AO* 的垂线并截取 $AD = 100$ mm；过 B 点作 *OB* 的垂线并截取 $BC = 100$ mm，如图 1—27 所示。

(3) 连接 *CD*，即完成该零件的放样，如图 1—28 所示。

4. 注意事项

(1) 选择正确的放样基准。

(2) 正确使用划线工具。

实训二：装配基准的放样

1. 目的要求

通过对图 1—29 所示的底座图样进行放样训练，掌握正确的装配基准放样方法。

2. 工具与量具

划针、石笔、90°角尺、钢直尺。

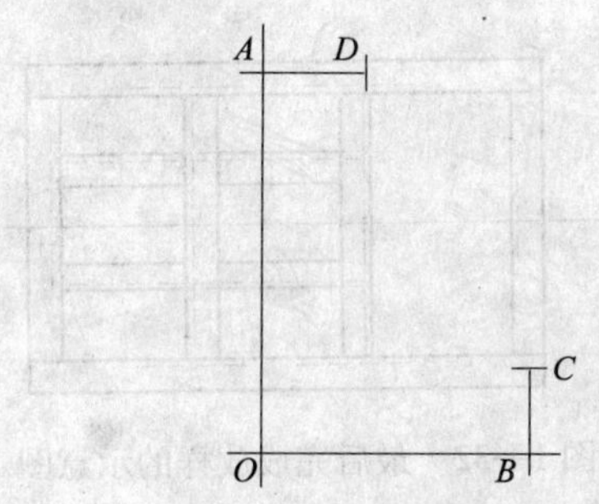

图 1—27　AD、BC 线段的截取示意图

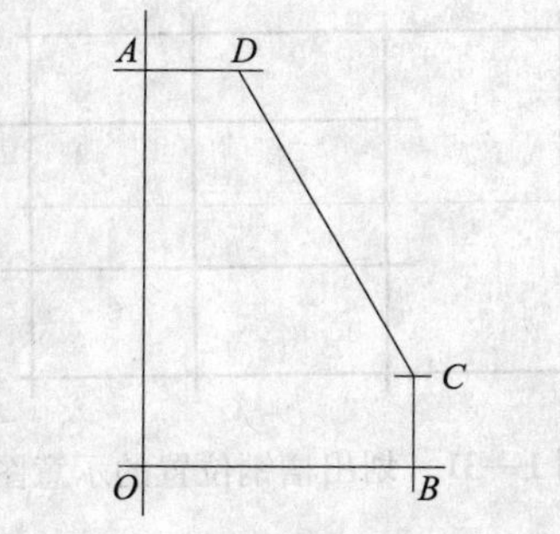

图 1—28　最后完成放样示意图

3. 实训指导

放样的作用之一就是将划出的实样作为装配基准使用。

装配基准的放样多在工作平台上用石笔来划。当实样图使用时间较长或需重复使用时，可在基准点、线处，以及重要的轮廓线上打上样冲眼，以便图样不清楚时再次重新描划。

装配基准放样的划线方法与前面介绍过的放样划线方法一样，也是先判断出图样的设计基准，作为放样基准，再依次以先外后内、先大后小的顺序来划线。

图 1—29 所示为一部件底座的图样，该底座由槽钢制成，从其图样标注的尺寸和图样特点来看，其右框轮廓边缘和水平中心线是图样的设计基准和放样基准。这类部件往往采用在地下放样、装配的方法来进行装配。

即在平台上划出部件的实样来，然后将各槽钢件按轮廓线和接合位置进行拼装。放样步骤如下：

(1) 放样基准的选择和划线。先划出右框的轮廓边和与之垂直的水平中心线，作为放样基准，并依据此基准划出方框的外轮廓线，如图 1—30 所示。

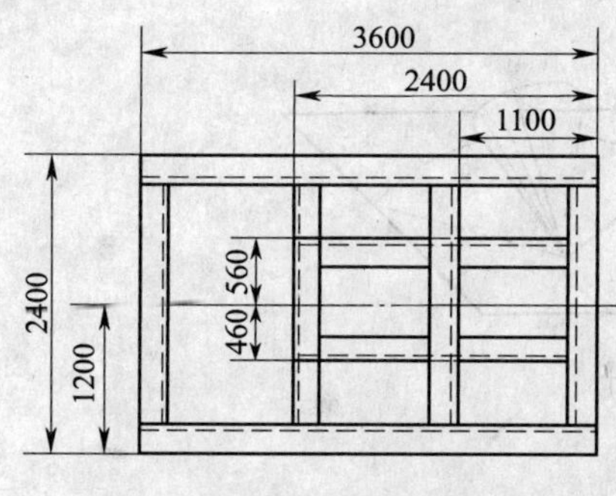

图 1—29　底座的图样

图 1—30　以中心线划出轮廓线的示意图

(2) 确定各个部件的位置。以右框轮廓边缘和水平中心线为基准，划出框内各槽钢的位置，如图 1—31 所示。

(3) 进行工艺标注。包括划出槽钢的朝向，对所有交接位置的交接关系要划清楚，即完成该框架装配基准的放样，如图 1—32 所示。

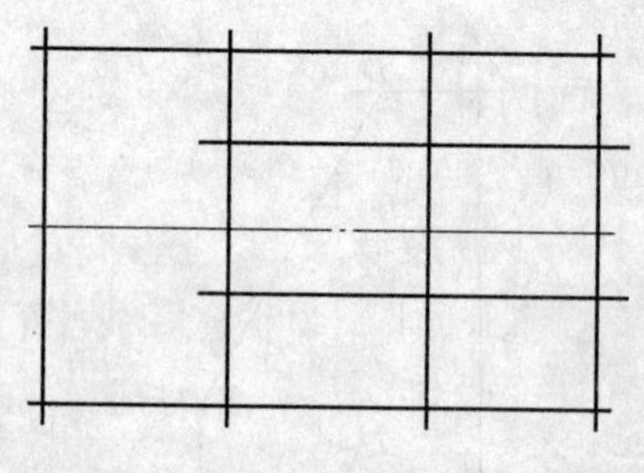

图 1—31　划出槽钢位置的示意图

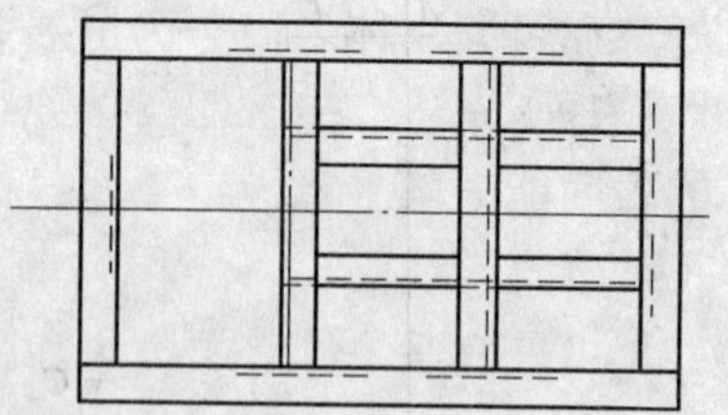

图 1—32　最后完成放样的示意图

4．注意事项

（1）掌握正确的装配放样基准。

（2）正确使用划线工具和量具。

模块二　展开放样

知识技能要求

1．运用展开的基本方法对一些构件进行展开。

2．对构件进行正确的板厚处理。

将金属板壳构件的表面全部或局部，按其实际形状和大小，依次铺平在同一个平面上，称为构件表面展开，简称展开，如图 1—33 所示。构件表面展开后构成的平面图形称为展开图。作展开图的过程一般叫做展开放样。作展开图的方法通常有两种：作图法和计算法。对于形状复杂的零件，广泛采用作图法；而对于形状简单的零件，可以通过计算求得展开尺寸，再放样作图。

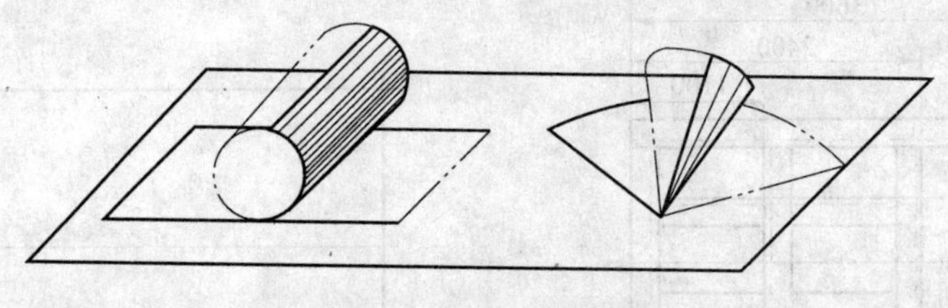

图 1—33　构件展开

一、立体表面成形分析

研究金属板壳构件的展开，先要了解立体表面的成形过程，分析立体表面形状特征，从而确定立体表面能否展开及采用什么方法展开。

任何立体表面，都可看做是由直线或曲线按一定的要求运动而形成。这运动着的线，叫做母线。控制母线运动的线或面，叫做导线或导面。母线在立体表面的任一位置，叫做素线。因此，也可以说立体表面是由无数条素线构成的。从这个意义上讲，立体表面展开，就是将立体表面素线按一定的规律铺展到平面上。所以，研究立体表面的展开，必须了解立体表面素线的分布规律。

二、可展表面与不可展表面

就可展性而言，立体表面分为可展表面和不可展表面两种。

1．可展表面

零件的表面能全部平整地摊平在一个平面上，而不发生撕裂或皱褶，这种表面称为可展表面，即凡是以直素线为母线，相邻两条直素线能构成一平面时（即两素线平行或相交）的曲面，都是可展表面。属于这类表面的有平面立体和柱面、锥面等。

2．不可展表面

如果工件的表面不能自然平整地展开摊平在一个平面上，这种表面称为不可展表面，即凡是以曲线为母线或相邻两直素线呈交叉状态的表面，都是不可展表面。圆球、圆环的表面和螺旋面都是不可展表面。

三、展开的基本方法

常用的展开基本方法有平行线展开法、放射线展开法和三角形展开法三种。这三种方法的共同特点是：先按立体表面的性质，用直素线把待展表面分割成许多小平面，用这些小平面去逼近立体表面。然后求出这些小平面的实形，并依次画在平面上，从而构成立体表面的展开图。这一过程可以形象地比喻成“化整为零”和“积零为整”两个阶段。

1．平行线展开法

（1）平行线展开法的适用范围。如果形体表面素线是由一组相互平行的直素线所构成，如图1—34所示，那么这样的形体表面都可以用平行线展开法展开。

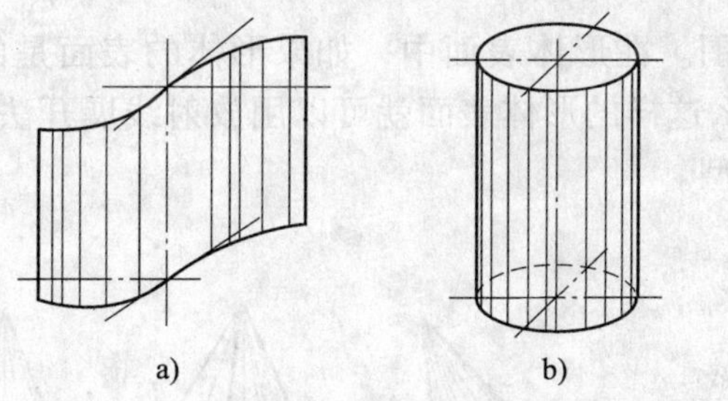

图1—34　平行线展开法的适用形体示意图

a）挡板　b）圆管　c）棱柱

（2）平行线展开法的基本方法。首先是将立体表面用其相互平行的素线分割为若干平面，展开时就以这些相互平行的素线为骨架，依次作出每个平面的实形，以构成展开图，这就是平行线展开法的基本方法。下面以斜口圆柱的展开为例加以说明。

1）形体分析。圆柱的展开应先把圆周展开，然后再以圆周的展开线为基准来确定每条素线的位置，如图1—35所示。

圆柱只有上端截头，它的下端底圆是一个正圆，因此，可以利用这个圆周的展开线作为基准线，再向上量取各素线的长度就能得出展开图。

2）展开步骤

①按已知尺寸作出主视图和俯视图。

②将圆柱面的水平投影12等分，由各等分点向主视图投影引垂线，在主视图中得出一系列素线。

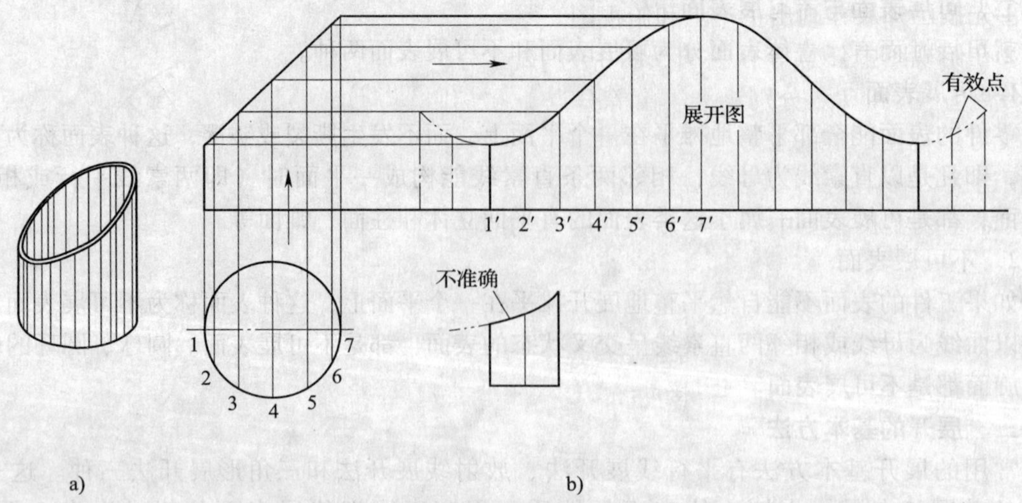

图 1—35　斜口圆柱的展开

a）实体图　b）展开图

③将圆柱底圆展开成一直线，在直线上以等分圆弧的长度，截取等分点为 1′、2′、…、7′。各等分段的总长等于圆周长。

④由各等分点 1′、2′、…、7′画垂线与主视图各对应素线所引的水平线相交，用光滑的曲线连接各交点即完成展开图。

2. 放射线展开法

（1）放射线展开法的适用范围。在形体表面中，如果形体的表面是由一组直素线构成且这组直素线都交汇于一点，那么这样的形体表面就可以用放射线展开法来展开，如图 1—36 所示的构件表面都属于这一类型。

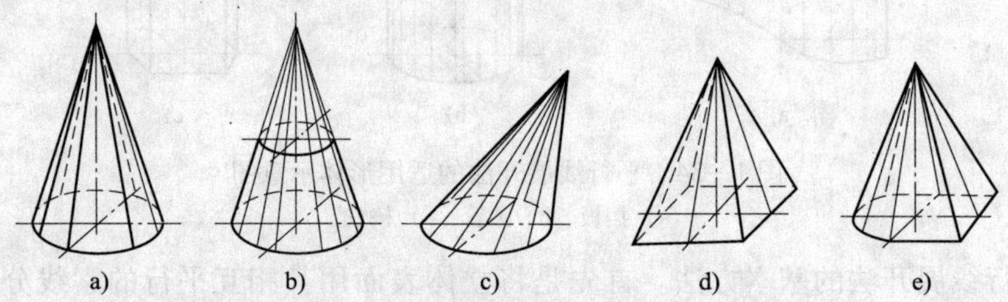

图 1—36　放射线展开法的适用范围示意图

a）正圆锥　b）正圆锥台　c）斜圆锥　d）四棱锥　e）任意形状底面的锥体

（2）放射线展开法的基本方法。将锥体表面用呈放射形的素线分割成共顶的若干小三角形平面，求出其实际大小后，以这些放射形素线为骨架，依次将它们画在同一平面上，即得所求锥体表面的展开图。下面以正圆锥的展开为例做一介绍。

1）形体分析。如图 1—37 所示，正圆锥表面上所有素线都交汇于顶点，且各素线的长度都相等。因此，进行展开时应先在俯视图上确定出若干条素线的实际位置，并与顶点连接形成若干个共顶的三角形，把各个共顶三角形的实形连续依次画出就得到所求的展开图。

2）展开步骤

①先按已知尺寸画出主视图和俯视图。

②在俯视图中任意等分圆周，图中为 12 等分，将等分点 1～7 和 0 点分别连接。由等分点 1～7 引上垂线与主视图的底边交于 1′～7′，再把 1′～7′与 0′点相连接。

③求素线实长，图中 0′～7′就反映了素线的实长。

④以 0′为圆心，以 0′～7′为半径画弧，并在此弧上依次截取 12 个 S 的长度，得弧上截点 $1^{\times}$、$2^{\times}$、$3^{\times}\cdots7^{\times}$、$6^{\times}$、$5^{\times}\cdots1^{\times}$各点。连接两个 $0^{\times}\sim1^{\times}$即完成所求的展开图。

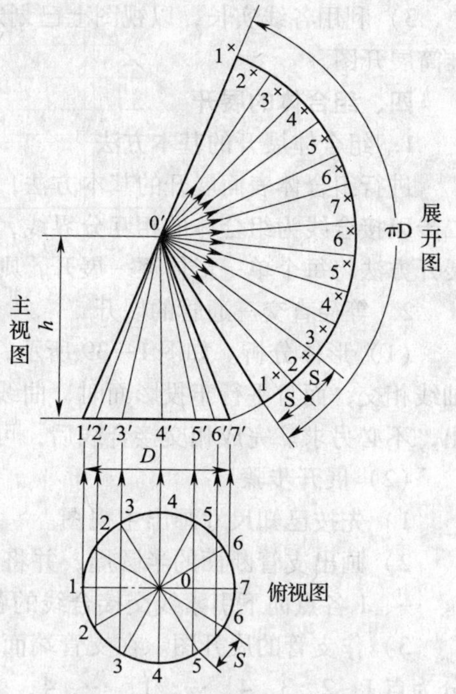

图 1—37　正圆锥展开的示意图

3. 三角形展开法

（1）三角形展开法的适用范围。三角形展开法适用于各类形体的展开，只是精确程度有所不同。

（2）三角形展开法的基本方法。三角形展开法是以立体表面素线（棱线）为主，并画出必要的辅助线，将立体表面分割成一定数量的三角形平面，然后求出每个三角形的实形，并依次画在平面上，从而得到整个立体表面的展开图。下面介绍正四棱锥筒的展开，如图 1—38 所示。

具体作法如下：

1）画出正四棱锥筒的主视图和俯视图。在俯视图上依次连出各面的对角线 1—6、2—7、3—8、4—5，并求出它们在主视图的对应位置，则锥筒侧面被划分为 8 个三角形。

2）由主、俯两视图可知，锥筒的上口、下口各线在视图中反映实长，而四个棱线及对角线不反映实长，可用直角三角形法求其实长（见实长图）。具体作法：作一直角三角形，其中一条直角边为 h，另一条直角边分别为 1—5、1—6、2—7，其斜边即为对应线段的实长。

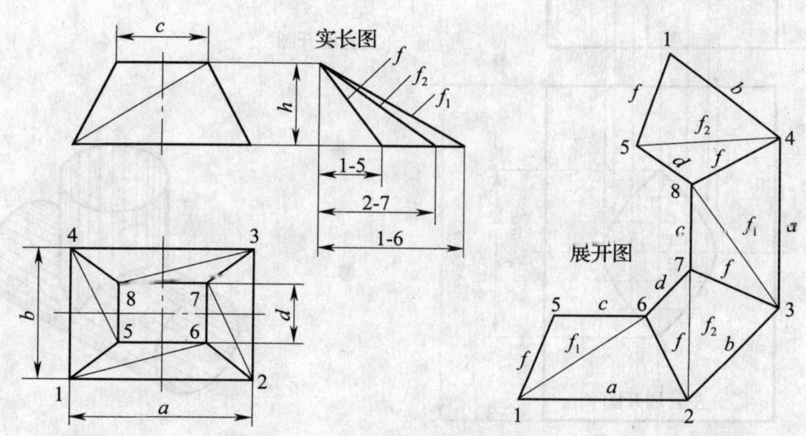

图 1—38　正四棱锥筒的展开

3）利用各线实长，以视图上已划定的排列顺序，依次作出各三角形的实形，即为四棱锥筒展开图。

四、组合体的展开

1．组合体展开的基本方法

进行组合体表面展开的基本方法，可由两步来完成，第一步求出组合体间的接合线。第二步以接合线为组合体的相互分界线，将组合体分解成若干个单一形体，然后按前面所述的展开方法将每个单一形体逐一展开，则整个组合体表面就被展开了。

2．等径直交三通管的展开

（1）形体分析。如图 1—39 所示，等径圆管相交，其接合线为一封闭的曲线。当两管轴线相交，而且平行于投影面时，曲线在该面上的投影为相交的两条直线。作图时可直接画出，不必另求。完成相交接合线后，可用平行法作支管和主管的各自展开图。

（2）展开步骤

1）先按已知尺寸画出主视图。

2）画出支管断面的半圆周，并将其 6 等分，等分点为 1、2、3、4 点。由等分点 1、2、3、…、1 各点向下引素线交接合线的各点，则将支管分为 12 个小梯形面。

3）作支管的展开图。在支管端面延长线上截取 1—1 等于 12 个 1—2 的长度（πd）。等分为点 1、2、3、4、…、1、…、4、…、1。由各等分点向下引垂线，与接合线各交点向右引水平线分别相交，对应交点连成光滑的曲线即得支管展开图。

4）作主管的展开图。主管展开图为一长方形。长方形的两边分别等于主管长度和圆管断面周长（πd）。由于两管等径直交，因而主管开孔的长度等于 $\pi d/2$，其最大宽度等于圆管直径 d。接合线上各点处的开孔长度及开孔宽度可通过作图得出。

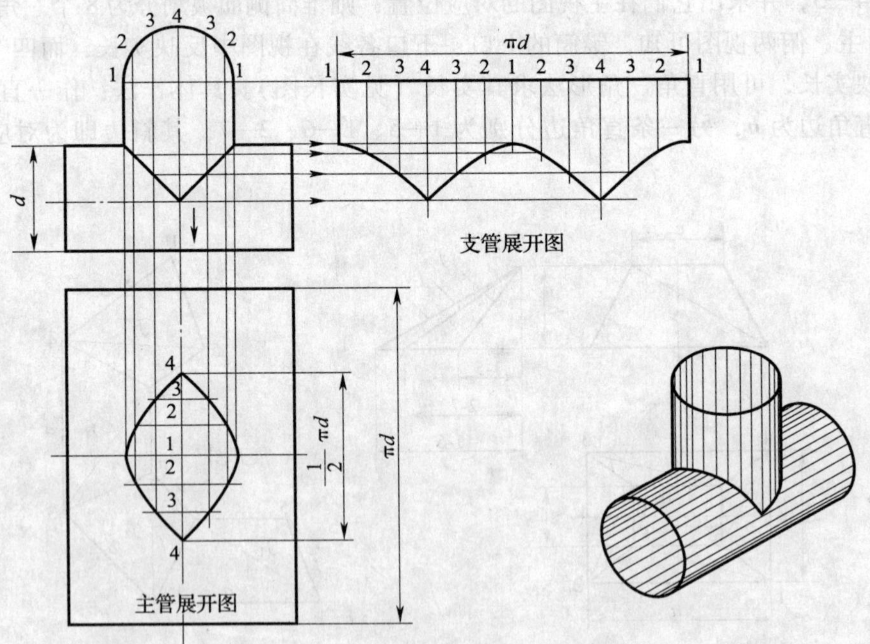

图 1—39　等径直交三通管的展开示意图

在向下延长支管轴线上，取 4—4 等于 $\pi d/2$，并作 6 等分，由等分点引水平线，与由接合线各点所引下垂线分别相交，对应交点连成曲线即为开孔的实形，得主管展开图。

五、弯形中的板厚处理

前面所讲过的各种工件表面展开都是将工件视为薄板，即板料的厚度为零的理论情况。但实际中，当板料的厚度大于1.5 mm时，其板厚尺寸将直接影响工件表面展开的长度、高度以及相连构件的接口尺寸。随着板厚的增大，对这些尺寸造成的影响也就越大。因此，在展开时，为了消除由于板厚对工件尺寸和形状的影响，保证产品质量，必须采取相应的措施后再确定其展开放样尺寸，这个实施措施的过程就称为板厚处理。

1．中性层的概念

图 1—40 是将厚板卷弯成圆筒时的情形。

圆筒的外层显然比内层的长度长，这是由于板料在卷曲弯形时，金属的外层受拉而内层受压的缘故，那么在断面上由拉伸向压缩过渡之间，必然有一层金属，既不伸长也不缩短(图中 d 的平均直径处)，这一层通常称为中性层。

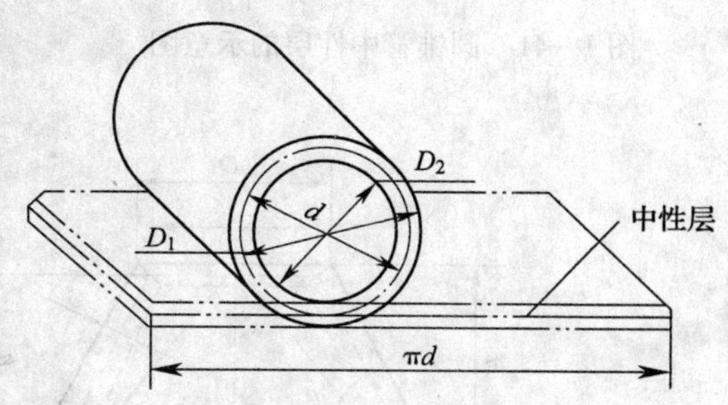

图 1—40　圆筒中性层的示意图

因中性层长度在弯曲前后不发生变化，所以常常作为展开的依据。中性层的位置随弯曲的程度而定，当圆管半径与板厚之比大于5时，则中性层位于料厚的中间，此时中性层与中心线重合。一般弯成圆弧形的零件大都是这种情况。

当板料弯成折线形状时，金属的变形要比圆弧形的变形大，所以中性层的位置不在料厚的中间，而是位于材料的内壁附近处，故展开长度一般近似地按内表面的长度计算。

2．单件的板厚处理

单件的板厚处理，主要考虑如何确定构件单线图的高度和径向（长、宽）尺寸。下面举例说明不同工件的板厚处理方法。

（1）圆锥管的板厚处理。圆锥管的展开图为一扇形，厚板制成的圆锥管，展开弧长取以大端中性层为直径的圆周长。为保证高度尺寸符合图样要求，展开半径取中性层的圆锥素线长，如图 1—41 所示。

图示为正截头圆锥管，已知图样尺寸为 D_1、d_3、t 及 h，经板厚处理得 D_2、d_2、r 及 c_1。图 1—42 为经板厚处理后的放样图。

实际操作时作展开图，就可以用此图为依据。

（2）圆方过渡接头的板厚处理。圆方过渡接头的几何形状具有三管（圆管、方管、圆锥管）的综合特征，因此，它的板厚处理应按圆、方、锥三管的板厚处理方法进行。即：顶口按圆管，以中性层直径 d 为准，确定其展开周长；底口按方管，以里口四边长度作为展开长度；为了保证工件的高度尺寸，放样图的高度应取上下口中性层的垂直高度。图 1—43 为圆方过渡接头的实样图和经过板厚处理的放样图。

实际操作时可按此图的尺寸作出展开图。

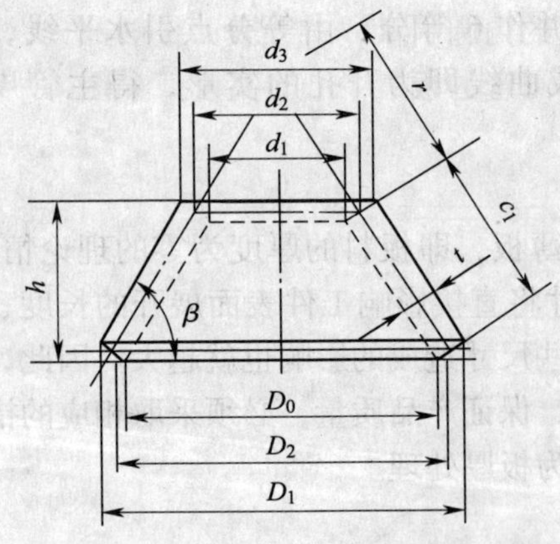

图 1—41　圆锥管中性层的示意图

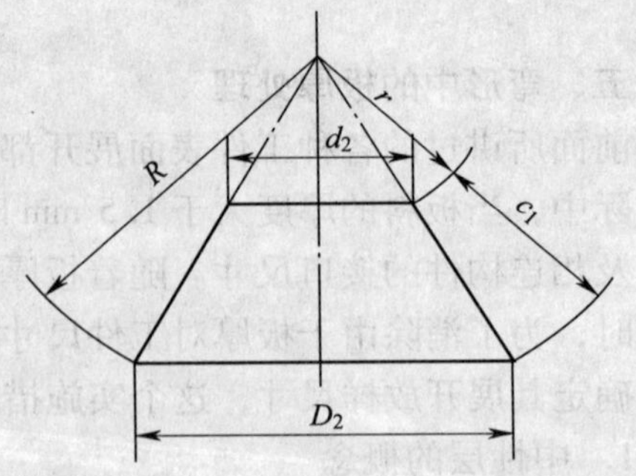

图 1—42　圆锥管的放样示意图

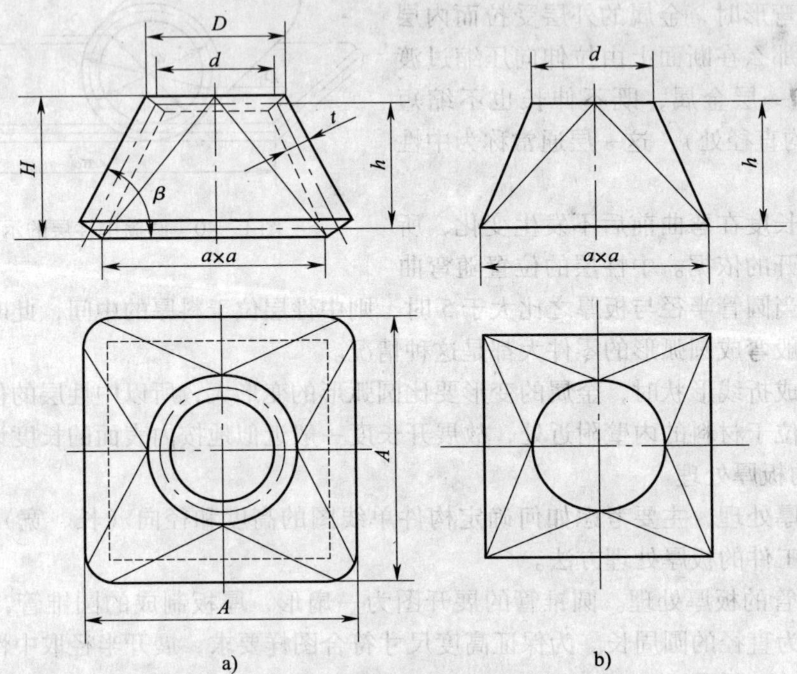

图 1—43　圆方过渡接头实样图和放样图

a）实样图　b）放样图

3. 相贯件的板厚处理

相贯件的板厚处理除了要解决各形体展开尺寸的问题外，还应着重处理好形体相贯的接口线。其处理方法以等径直角弯头的板厚处理为例，分析如下：

厚板制成的两节等径直角弯头，如果不经板厚处理，两管拼接时接口处就会产生轴线外部是里表面接触、轴线内部是外表面接触、中部有较大的间隙（缺肉）现象。而且板料越厚，间隙越大，同时两管轴线的交角及管长也都相应发生变化，如图 1—44 所示。

如不进行板厚处理，则不能保证工件的尺寸要求。

根据分析可知，圆管弯头的板厚处理应分别从断面的内、外圆处引素线作展开图。即两管内表面接触部分以圆管的内表面高度为准，从断面的内圆引素线；外表面接触部分以圆管的外表面高度为准，从断面的外圆引素线；中间则取圆管的板厚中心层高度，如图 1—45 所示。

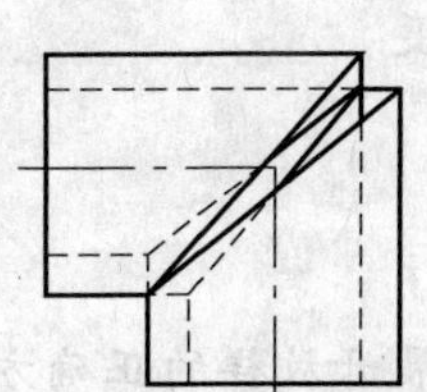

图 1—44　板厚影响间隙的示意图

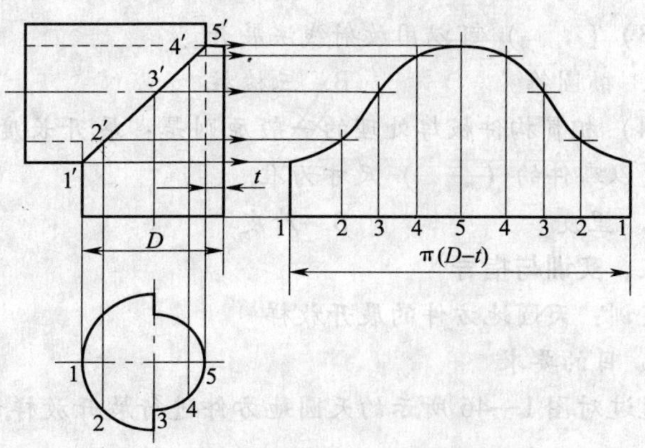

图 1—45　板厚处理的展开示意图

具体作法如下：

(1) 如图 1—45 所示，用已知尺寸画出两节弯头的主视图和断面图。

(2) 四等分内外断面半圆周，等分点为 1、2、3、4、5。由等分点引上垂线，得与接合线 1′～5′的交点。

(3) 在主视图的底口延长线上，截取 1—1 = π（$D-t$），并作 8 等分，由等分点引上垂线，与由接合线各点向右所引水平线相交，对应交点连成光滑曲线，即得经板厚处理后弯头的展开图。

以上为两节等径直角弯头板厚处理的原则和作图方法，也适用于其他类似的构件，如多节弯头等。

练习与实训

一、练习题

1. 填空题

(1) 作展开图的方法通常有________和________两种，目前工厂多采用________展开。

(2) 就可展性而言，立体表面可分为________和________。

(3) 展开的基本方法有________、________和________三种。

(4) 平行线展开法适用于表面素线________的几何形体。

(5) 放射线展开法适用于表面素线________的锥体。

(6) 将构件的表面摊开在________平面上的过程叫做展开。

(7) ________展开法适用于各种形体的展开。

2. 选择题

(1) 在实际放样中，当构件板厚 t 大于（　）mm 时，必须考虑板厚对展开图尺寸的影响。

A. 1　　　　　　　　B. 1.5　　　　　　　　C. 3

(2)(　　)可以用平行线法展开。

A. 天圆地方　　　　　B. 圆锥体　　　　　　　C. 圆柱体

(3)(　　)可以用放射线法展开。

A. 椭圆锥　　　　　　B. 三棱柱　　　　　　　C. 球

(4)相贯构件板厚处理的一般原则是：展开长度以零件的中性层尺寸为准，展开图各处高度以零件的(　　)尺寸为准。

A. 里皮　　　　　　　B. 外皮　　　　　　　　C. 接触高度

二、实训与指导

实训：天圆地方件的展开放样

1. 目的要求

通过对图 1—46 所示的天圆地方件进行展开放样训练，掌握展开放样的正确方法。

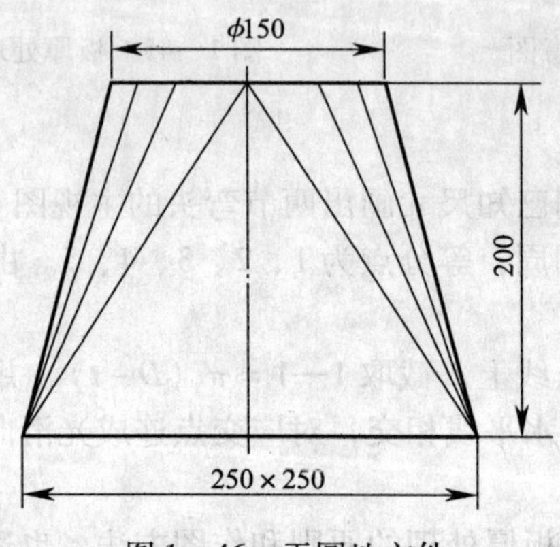

图 1—46　天圆地方件

2. 工具与量具

锤子、圆规、划针、样冲、铁剪子、锉刀、扁铲、钢直尺、钢卷尺。

3. 实训指导

(1)形体分析。圆方过渡管接头表面结构如图 1—46 所示。它是 4 个全等斜圆锥面由底口方角点向顶圆过渡，并产生 8 条过渡线，形成 4 个等腰三角形面。从视图分析可知，过渡线不反映实长。为了获得展开图还须用辅助线将各斜圆锥面划分为若干个小三角形平面，并在求出各三角形实形后，再根据三角形展开的基本方法依次按顺序作出各代表实形的三角形平面，便可获得所求的展开图。

(2)展开步骤

1)先按已知尺寸作出接管的主视图和俯视图。

2)3 等分俯视图的 1/4 圆周，等分点为 1、2、3、4，并分别将各点与 B 点连接，则分 B 角的斜圆锥面为 3 个小三角形平面。其中 $B—1=B—4$，$B—2=B—3$，并分别以 b、c 表示其长度。

3)求 b、c 的实长。在图中能反映出实长的线段仅有 $A—B$ 和 $\overset{\frown}{12}$、$\overset{\frown}{23}$、$\overset{\frown}{34}$。b、c 线段用直角三角形法求出，如主视图右侧的实长图所示。

4)作展开图。先画一线段 $B'—C'$ 使其长度等于 a，以 B'、C' 为圆心，以实长 $B—4$ 为半径分别画圆弧交于4′点。再分别以B'、C'为圆心，以B—3、B—1的实长为半径画圆弧，与以4′为圆心，顶圆的等分弧长3—4为半径向下依次画圆弧相交于3′、2′、1′点。

以1′为圆心，以B—1的实长为半径画圆弧，与以B'为圆心，以a为半径的圆弧相交于A'点。然后用同样的方法依次求出各点，完成所有三角形平面的展开图，再分别用圆滑的曲线和直线连接，即完成展开图，如图1—47所示。

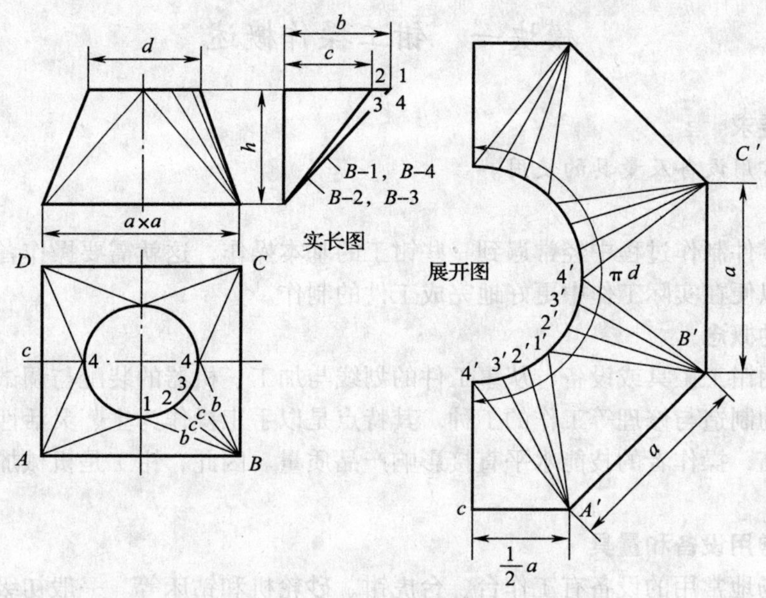

图1—47　圆方过渡管的展开示意图

第二单元　钳工基本知识

模块一　钳工操作概述

知识技能要求

掌握钳工常用设备及量具的使用。

冷作工在零件制作过程中经常遇到一些钳工的基本操作，这就需要操作者掌握一定的钳工操作技能，以便在实际工作中更好地完成工件的制作。

一、钳工的概念

钳工是使用钳工工具或设备，从事工件的划线与加工、机器的装配与调试、设备的安装与维修及工具的制造与修理等工作的工种。其特点是以手工操作为主、灵活性强、工作范围广、技术要求高，操作者的技能水平直接影响产品质量。因此，钳工是机械加工制造业中不可缺少的工种。

二、钳工常用设备和量具

钳工工作场地常用的设备有工作台、台虎钳、砂轮机和钻床等。一般初级工使用的量具主要是游标卡尺。

1．工作台

工作台也称钳桌，有多种样式，如图2—1所示为最常见的一种。

2．台虎钳

台虎钳（见图2—2）是用来夹持工件的设备。其规格是用钳口的宽度表示，常用的有100 mm、125 mm和150 mm等。

图2—1　工作台及安装

1—防护网　2—工作台　3—台虎钳

图2—2　台虎钳

3．砂轮机

砂轮机可供钳工用来磨削各种刀具和工具，如錾子、钻头、刮刀等。砂轮机由砂轮、电动机、砂轮机座、托架和防护罩等组成，如图 2—3 所示。

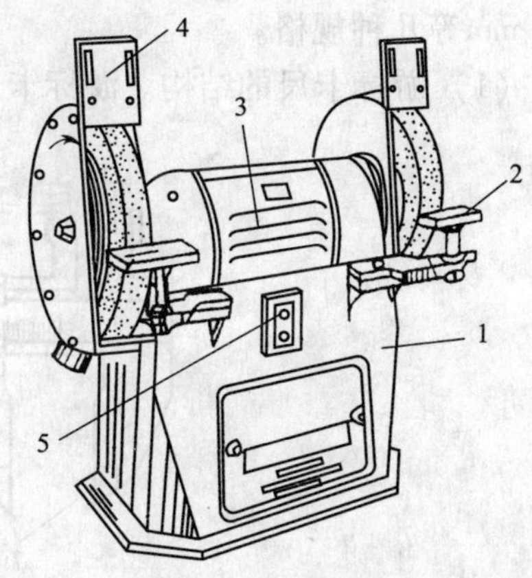

图 2—3　砂轮机

1—机座　2—托架　3—电动机　4—防护罩　5—开关

砂轮的质地较脆，工作时转速又高，使用时用力不当会发生砂轮碎裂和人身事故，因此，安装砂轮时一定要使砂轮达到动平衡，使砂轮在旋转时没有振动。使用砂轮机要严格遵守安全操作规程。

4．钻床

钻床是钻孔的设备，常用的有台式钻床、立式钻床、摇臂钻床及电钻等，如图 2—4 所示。

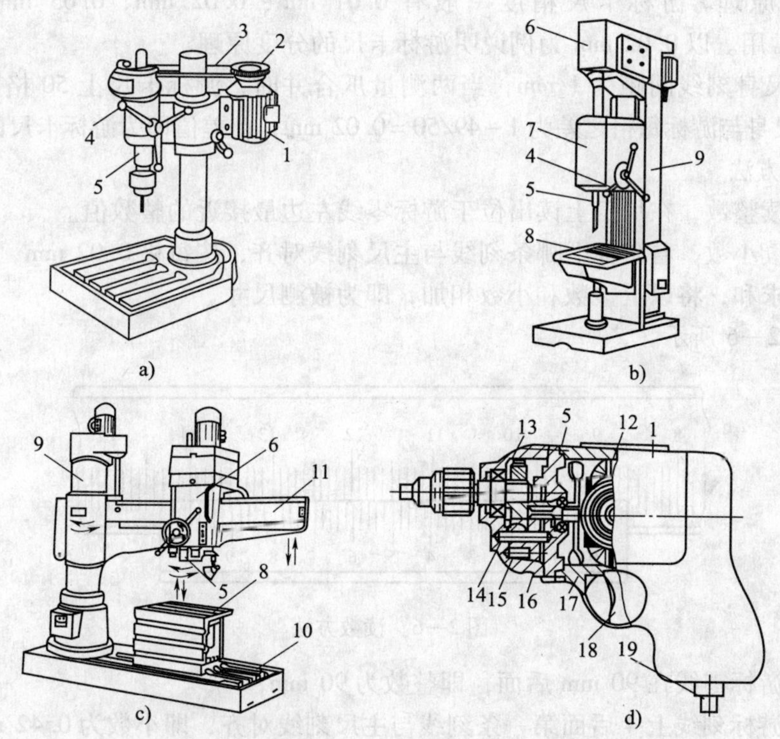

图 2—4　钻孔设备

a）台式钻床　b）立式钻床　c）摇臂钻床　d）手电钻结构图

1—电动机　2—带轮　3—V 带　4—手柄　5—主轴　6—主轴变速箱　7—进刀机构　8—工作台　9—立柱　10—机座　11—摇臂　12—小齿轮　13—钻夹头　14—大齿轮　15—齿轮　16—前壳　17—后壳　18—开关　19—电线

5．游标卡尺

游标卡尺是一种常用量具，能直接测量零件的外径、内径、长度、宽度和孔距等，应用极为广泛。目前机械加工中常用游标卡尺按测量范围有 0 ~ 150 mm、0 ~ 200 mm、0 ~

300 mm等几种规格。

（1）游标卡尺的结构。游标卡尺的结构如图 2—5 所示。

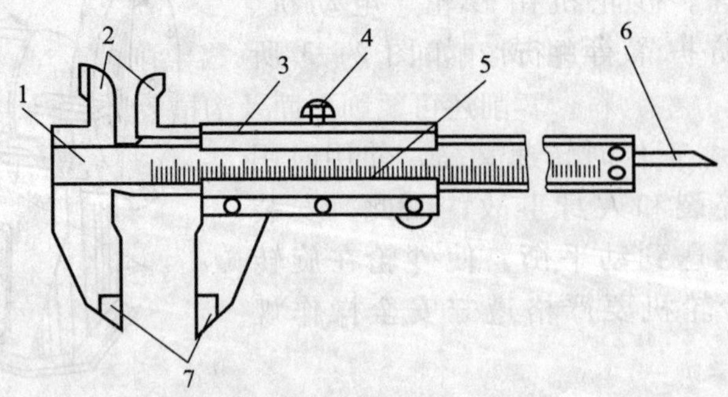

图 2—5　游标卡尺的结构

1—尺身　2—刀口内测量爪　3—尺框　4—紧固螺钉　5—游标　6—深度尺　7—外测量爪

（2）分度原理。游标卡尺精度一般有 0.01 mm、0.02 mm、0.05 mm 三种，其中 0.02 mm比较常用。以 0.02 mm 为例说明游标卡尺的分度原理。

游标卡尺尺身刻线间距为 1 mm，当两测量爪合并时，游标卡尺上 50 格刚好与尺身上 49 mm对正，尺身与游标每格之差为 1 -49/50 =0.02 mm，此差值即为游标卡尺的测量精度。

（3）读数方法

第一步，读整数，在尺身上读出位于游标零线左边最接近的整数值。

第二步，读小数，看游标上哪条刻线与主尺刻线对齐，按每格 0.02 mm，读出小数值。

第三步，求和，将以上整数和小数相加，即为被测尺寸。

例：如图 2—6 所示。

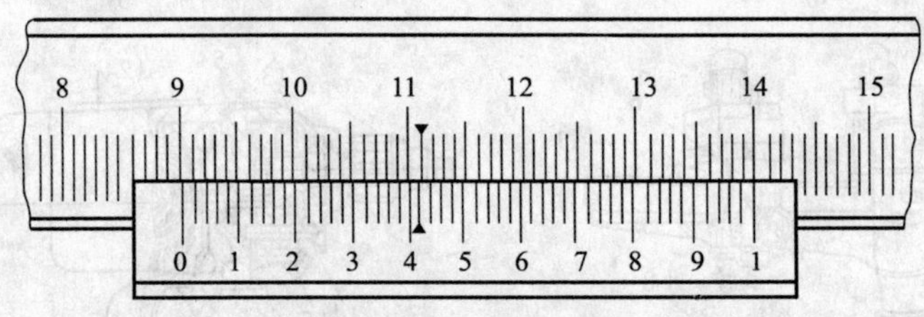

图 2—6　读数方法

第一步：游标零线在 90 mm 后面，即整数为 90 mm；

第二步：游标刻线上 4 后面第一条刻线与主尺刻线对齐，即小数为 0.42 mm；

第三步：求和，90 +0.42 =90.42 mm 即为测量结果。

模块二　钳工基本操作技能

知识技能要求

1．掌握錾削、锯削、锉削、钻削、钻孔、攻螺纹和套螺纹的相关知识。

2．熟练掌握錾削、锯削、锉削、钻削、钻孔、攻螺纹和套螺纹的基本操作方法。

冷作工应了解钳工操作中的錾削、锯削、锉削和钻孔的基本知识；熟悉螺纹的种类及用途；掌握攻螺纹时，螺纹底孔直径和套螺纹时圆杆直径的确定。

一、錾削

用锤子锤击錾子对金属工件进行切削加工的方法称为錾削。錾削可去除毛坯上的凸缘、毛刺、浇口、冒口以及分割材料。錾削还可錾削平面及沟槽等。錾削主要用于不便于机械加工的场合。

1. 錾削工具

錾削工具有錾子和锤子。

（1）錾子。錾子由切削部分和錾身组成。常用的錾子有扁錾、尖錾、油槽錾等，如图2—7所示。

1）扁錾。扁錾如图2—7a所示，常用于錾削平面、去除毛刺和凸缘以及剪切板材等加工。

2）尖錾。尖錾如图2—7b所示，常用于錾削沟槽或将板料錾削成曲线形等。

3）油槽錾。油槽錾如图2—7c所示，主要用于錾削平面或曲面上的油槽。

（2）锤子。锤子又称榔头，它由锤头、木柄和用于防止锤头松脱的楔子组成，如图2—8所示。锤子有0.25 kg、0.5 kg和1 kg等规格。

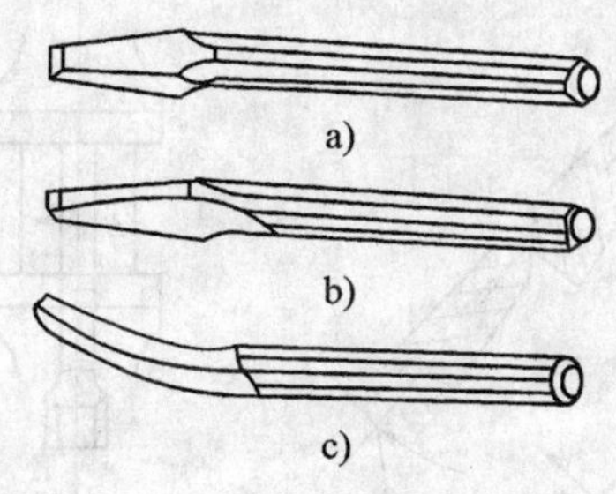

图2—7 錾子

a）扁錾 b）尖錾 c）油槽錾

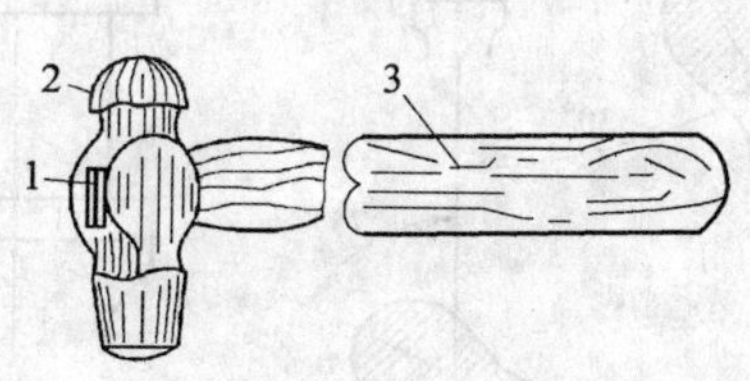

图2—8 锤子

1—楔子 2—锤头 3—木柄

2. 錾削方法

（1）錾子的握法。錾子的握法如图2—9所示。錾子主要用左手的中指、无名指握住，小指自然合拢，食指和大拇指自然接触，錾子头部伸出约20 mm。轻松自如地握稳錾子，不能握得太紧，以免敲击时掌心承受的振动过大；或一旦锤子打偏后伤手。錾削时，握錾子的手要与小臂保持水平，肘部不能下垂或抬高。

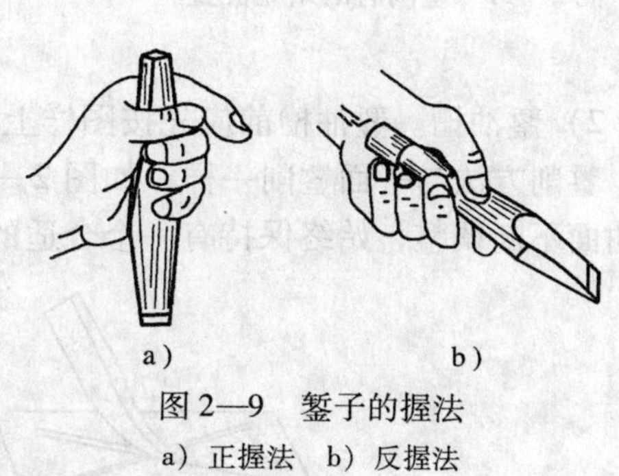

图2—9 錾子的握法

a）正握法 b）反握法

（2）锤子的握法。锤子的握法如图2—10所示。锤子一般采用右手的5个手指满握的方法，大拇指轻轻压在食指上，虎口对准锤头方向，不要歪向一侧，木柄尾端露出15～30 mm。

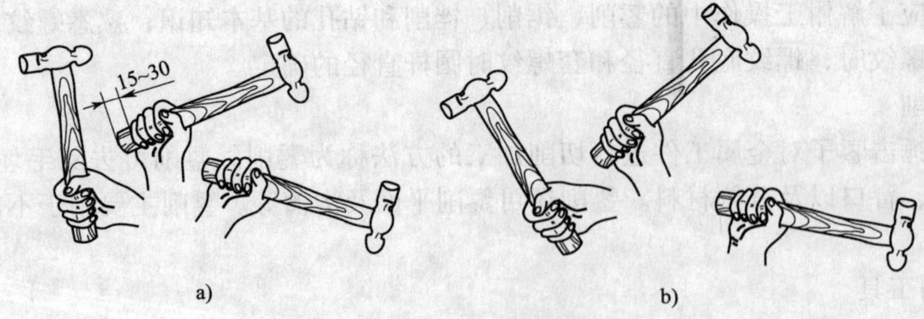

图 2—10 锤子的握法

a）紧握法 b）松握法

（3）錾削姿势。錾削时，为了充分发挥较大的敲击力量，操作者必须保持正确的站立位置，如图 2—11 所示。

（4）錾削操作

1）錾削平面。錾削平面时用扁錾进行切削，每次的錾削余量为 0.5 ~ 2 mm。起錾时，切削刃应抵紧起錾部位，錾子头部向下倾斜，使錾子与工件起錾端面基本垂直，其方法如图 2—12 所示，再轻敲錾子，即可准确、顺利地起錾。起錾完成后，按正常方法进行平面的錾削。

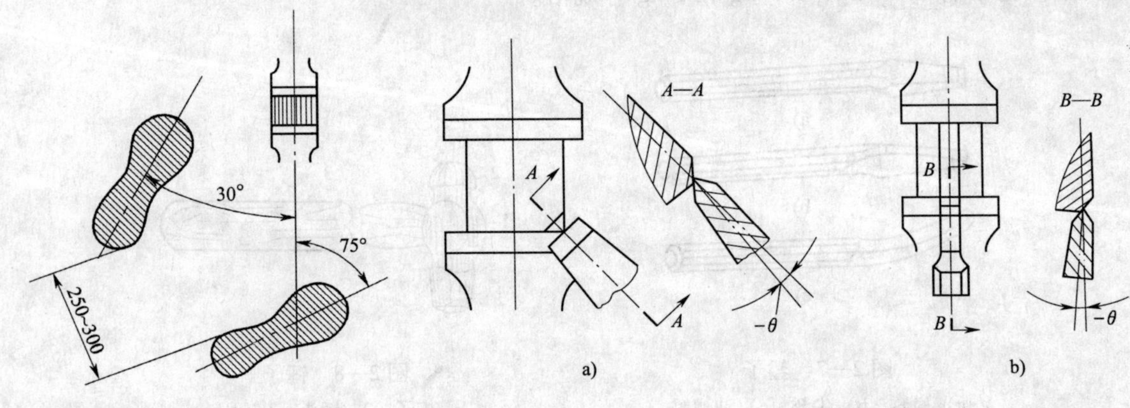

图 2—11 錾削时的站立位置

图 2—12 起錾的方法

a）斜角起錾 b）正面起錾

2）錾油槽。錾油槽前应先按图样上油槽的断面形状将錾刃修磨好。錾削平面上的油槽时，錾削方法与平面錾削一样，如图 2—13a 所示。錾削曲面上的油槽时，錾子倾斜度要随着曲面不断调整，始终保持有一个合适的后角，如图 2—13b 所示。

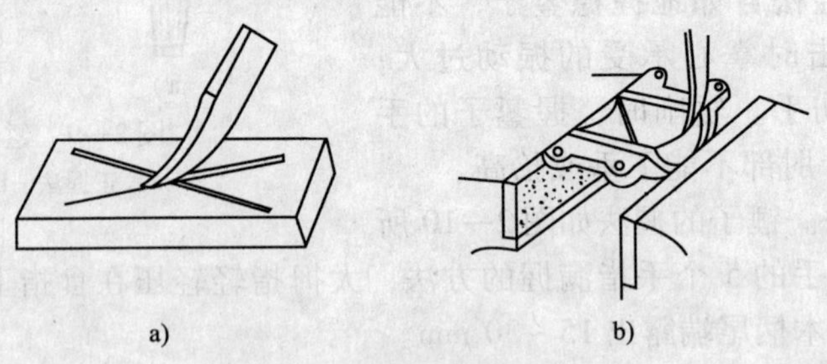

图 2—13 錾油槽

a）錾削平面油槽 b）錾削曲面油槽

錾油槽时要掌握好尺寸和表面质量，必要时可进行一些修磨，因为油槽錾削后不再用其他方法进行精加工。

二、锯削

锯削是通过锯齿的切削运动对金属材料进行切削加工的方法。锯削不但能切断金属材料，也可以进行切口、切槽等。

1. 手锯

手锯由锯弓和锯条组成，如图 2—14 所示。

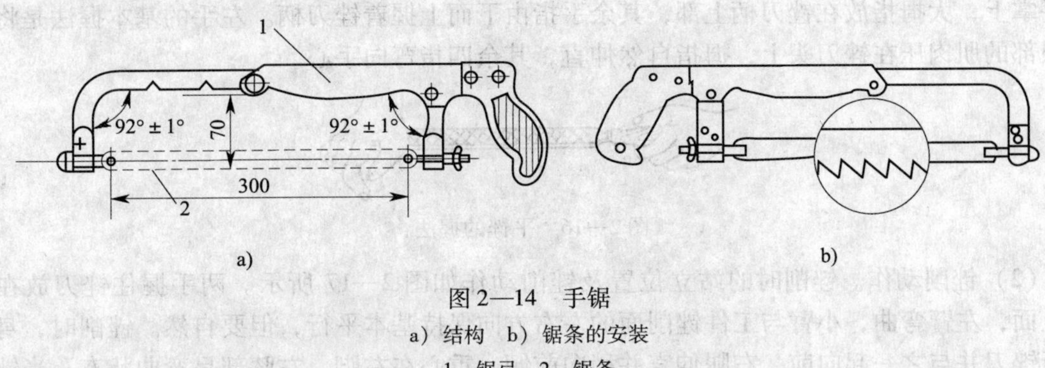

图 2—14 手锯

a）结构 b）锯条的安装

1—锯弓 2—锯条

2. 锯削方法

(1) 手锯的握法。右手满握锯柄，左手轻扶在锯弓前端，如图 2—15a 所示。

(2) 起锯方法。起锯是锯削工作的开始，起锯质量的好坏将直接影响锯削质量。起锯有远起锯（见图 2—15b）和近起锯（见图 2—15c）两种。起锯时，左手拇指靠住锯条，使锯条能准确地锯在所需要的位置上，行程要短，压力要小，速度要慢，起锯角度约为 15°。

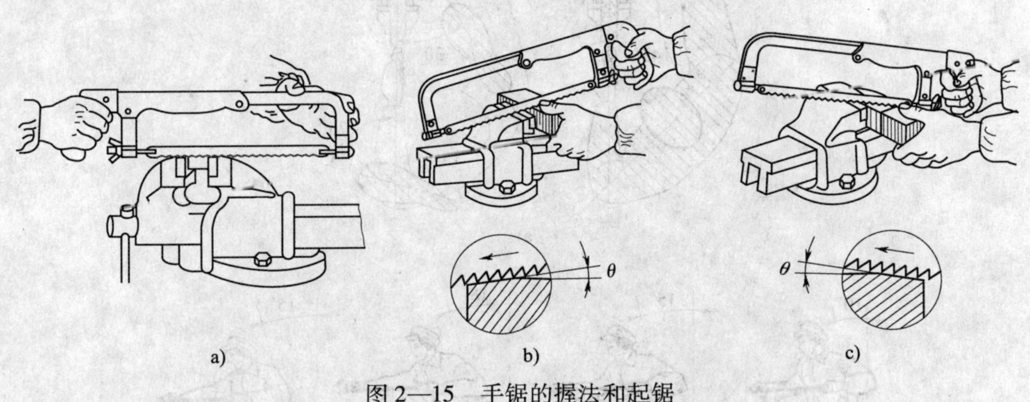

图 2—15 手锯的握法和起锯

a）手锯的握法 b）远起锯 c）近起锯

一般情况下，采用远起锯较好，因为远起锯时锯齿是逐步切入材料的，锯齿不易被卡住，起锯也较方便。

(3) 锯削操作。起锯后的锯削操作应尽可能让锯条的全部有效齿在每次行程中都参加切削。操作时，推进手锯应用力均匀，压力和速度合适，不能产生冲击，否则将影响锯削质量，而且还易造成锯条的崩齿和断裂；回程时应略抬高锯条，速度也要加快些，以减少锯条的磨损和回程时间。

三、锉削

锉削是用锉刀对工件进行切削加工的方法。

1. 锉刀

锉刀由锉身和锉柄两部分组成，锉身包括锉刀面、锉刀边、底齿和面齿。

2. 锉削方法

（1）锉刀的握法。平锉的握法如图 2—16 所示。右手紧握锉刀柄，柄端顶在拇指根部的手掌上，大拇指放在锉刀柄上部，其余手指由下而上握着锉刀柄。左手的基本握法是将拇指根部的肌肉压在锉刀头上，拇指自然伸直，其余四指弯向手心。

图 2—16　平锉的握法

（2）锉削动作。锉削时的站立位置及锉削动作如图 2—17 所示。两手握住锉刀放在工件上面，左臂弯曲，小臂与工件锉削面的左右方向保持基本平行，但要自然。锉削时，身体先于锉刀并与之一起向前，右腿伸直并稍向前倾，重心在左脚，左膝部呈弯曲状态。当锉刀锉至约 3/4 行程时，身体停止向前，两臂则继续将锉刀向前锉到头，同时，左腿自然伸直并随着锉削时的反作用力将身体重心后移，使身体恢复原位，并顺势将锉刀收回。当锉刀收回将近结束时，身体又开始先于锉刀前倾，做第二次锉削的向前运动。

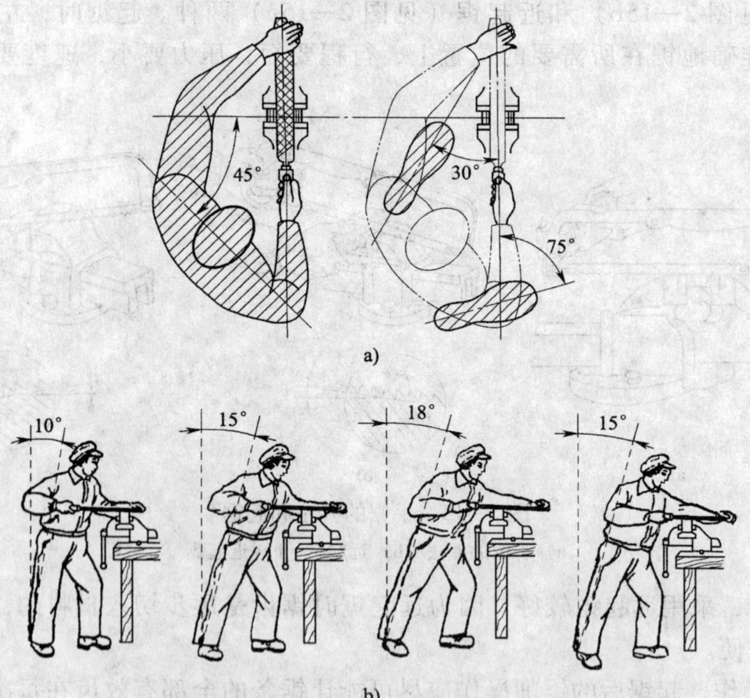

图 2—17　锉削时的站立位置及锉削动作

四、钻削

用钻头在工件上加工孔的方法称为钻削。

1．钻头的构造

钻头有麻花钻、板钻等，常用的是麻花钻，它是用高速钢制成的，由柄部、颈部和工作部分组成，如图 2—18 所示。

麻花钻切削部分的结构如图 2—18c 所示。

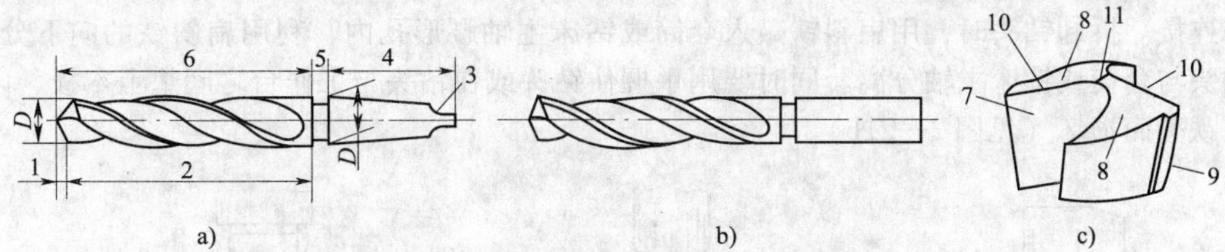

图 2—18　麻花钻

a）锥柄式　b）直柄式　c）切削部分的结构

1—切削部分　2—导向部分　3—扁尾　4—柄部　5—颈部　6—工作部分　7—前面

8—主后面　9—棱边　10—主切削刃　11—横刃

2．钻头的刃磨

钻头的刃磨方法如图 2—19 所示。

（1）右手握住钻头的头部，左手握住柄部，如图 2—19a 所示。

（2）钻头轴线与砂轮圆柱母线在水平面内的夹角等于顶角 2ϕ 的一半，被刃磨部分的主切削刃处于水平位置，如图 2—19a 所示。

（3）刃磨时，将主切削刃在略高于砂轮中心的水平面处先接触砂轮，如图 2—19b 所示。右手缓慢地使钻头绕自身的轴线由下向上转动，同时施加适当的刃磨压力，这样可磨到整个后面。左手配合右手做缓慢的同步下压运动，刃磨压力逐步加大，这样便于磨出后角，其下压的速度及幅度随要求的后角大小而变。为保证钻头近中心处磨出较大的后角，还应做适当的右移运动。刃磨时两手动作的配合要协调、自然。按此不断反复，两后面经常轮换，直至达到刃磨要求为止。

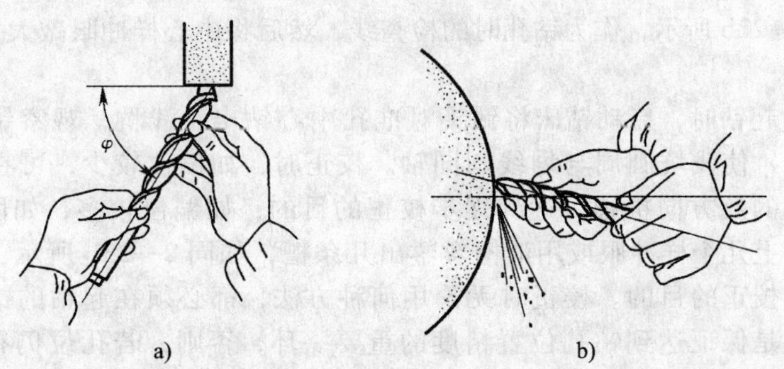

图 2—19　钻头的刃磨方法

a）钻头轴线与砂轮母线的夹角为 φ　b）钻头主切削刃应高于砂轮中心水平线

3. 钻头的装卸

（1）直柄钻头的装卸。直柄钻头用钻头夹夹持，先将钻头柄部塞入钻头夹的三爪内，其夹持长度不能小于 15 mm，然后将钻头夹夹紧。卸钻头时，反方向旋转钻头夹钥匙即可（见图 2—20）。

（2）锥柄钻头的装卸。锥柄钻头是用柄部的莫氏锥体直接与钻床主轴连接。连接前必须将钻头锥柄及主轴孔擦干净，且使矩形舌部的长向与主轴上的腰孔中心方向一致，利用加速冲力一次装接（见图 2—21a）。当钻头锥柄莫氏锥度小于主轴孔莫氏锥度时，可加过渡锥套来连接。拆卸钻头时，用扁斜铁敲入套筒或钻床主轴腰形孔内，利用扁斜铁的向下分力，使钻头与套筒或钻床主轴分离。同时要用手握住钻头或在钻头与工作台之间垫上木板，以防钻头跌落而损坏（见图 2—21b）。

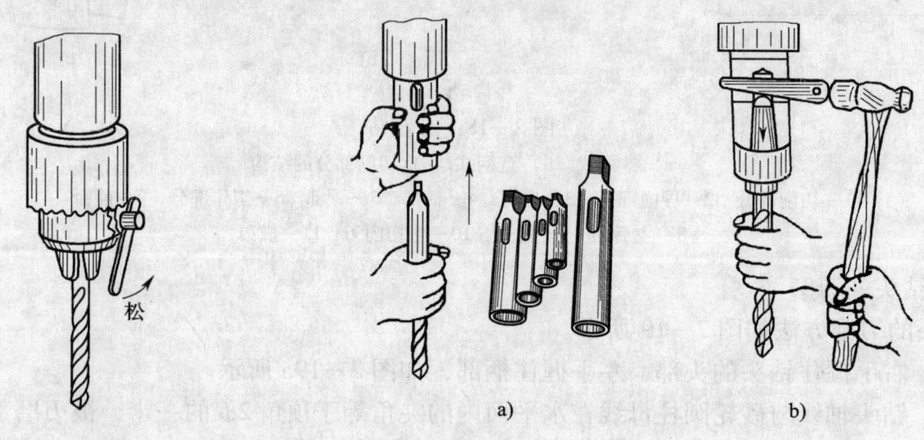

图 2—20　用钻头夹连接　　　　图 2—21　锥柄钻头的装卸

4. 钻孔的方法

钻孔的操作步骤一般为划线、起钻、孔的钻削。

（1）划线。按图样上孔的位置和尺寸要求，在工件上划出孔的中心线，在中心打上样冲眼，并按孔的直径大小划出孔的圆周线。钻直径较大的孔时，还应划出几个大小不等的检查圆，如图 2—22a 所示，以便起钻时检查和找正位置。当钻孔的位置尺寸要求较高时，为了避免打中心样冲眼时所产生的偏差，也可直接划出以孔中心线为对称中心的几个大小不等的方框，如图 2—22b 所示，作为钻孔时的检查线，然后将中心样冲眼敲大，以便起钻时准确定心。

（2）起钻。起钻时，启动钻床将钻头对准孔中心钻出一浅坑，观察钻孔位置是否正确，并不断校正，使浅坑圆周与划线圆同轴。校正时，如偏位较少，可在钻削的同时用力将工件向偏位的反方向推移，达到逐步校正的目的；如偏位较多，如图 2—23a 所示，可在校正方向打上几个样冲眼或用油槽錾錾出几条槽，如同 2—23b 所示，以减小此处的钻削阻力，达到校正的目的。校正时无论用何种方法，都必须在起钻的锥坑直径小于孔径之前完成，这是保证达到钻孔位置精度的重要一环，否则，若孔位仍有偏移，再进行校正就困难了。

（3）孔的钻削。当起钻达到钻孔的位置要求后，即可压紧工件进行孔的钻削。进给时，用力不能太大，否则易使钻头产生弯曲现象，造成钻孔时轴线歪斜，如图 2—24 所示。钻小直径孔或深孔时，进给力要更小，并要经常退钻排屑，以免切屑阻塞而扭断钻头。通常钻孔深度达直径的 3 倍时，一定要退钻排屑，在孔将钻穿时，进给力必须减小，以防止进给量突然过大，增加切削抗力，造成钻头折断，或使工件随着钻头转动而造成事故。

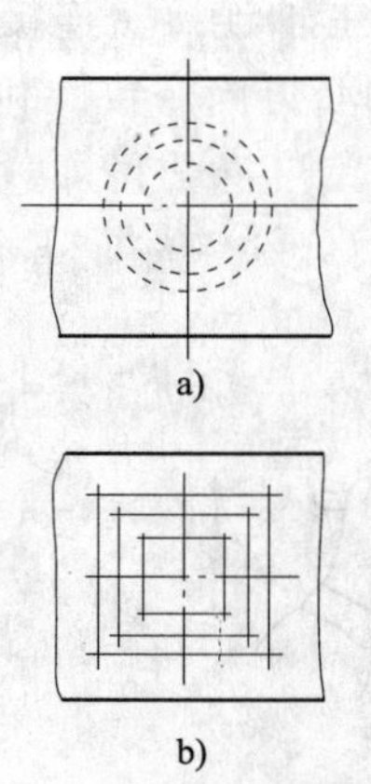

图 2—22　孔位检查线

a）检查圆　b）检查方框

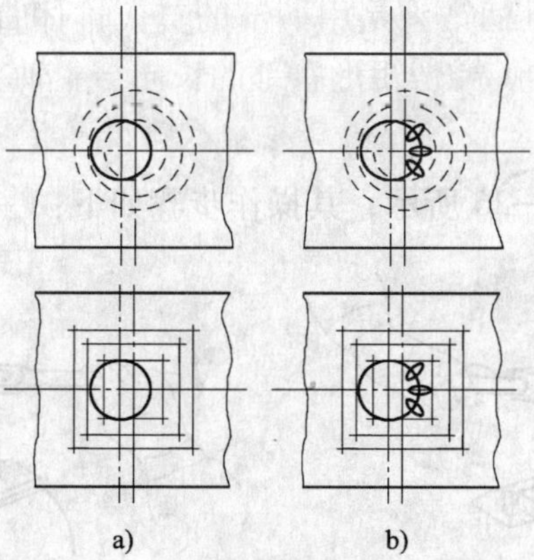

图 2—23　起钻孔偏位校正

a）起钻中心偏位　b）錾槽校正

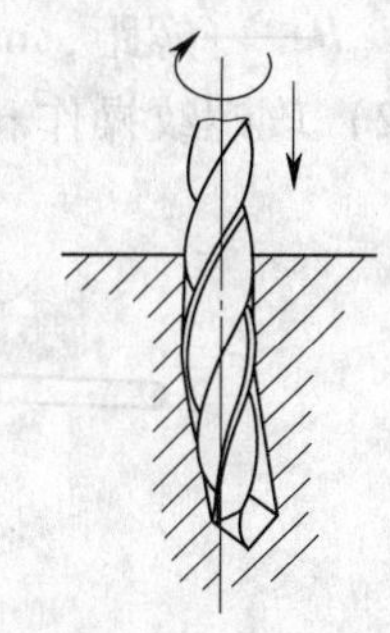

图 2—24　钻孔时轴线歪斜

五、攻螺纹和套螺纹

螺纹的种类较多，有普通螺纹、梯形螺纹、矩形螺纹、锯齿形螺纹及管螺纹等，其中普通螺纹应用广泛。

1．攻螺纹

用丝锥在孔壁上切削出内螺纹的方法称为攻螺纹。

（1）丝锥和铰杠

1）丝锥。丝锥分为手用丝锥和机用丝锥，如图 2—25 所示。

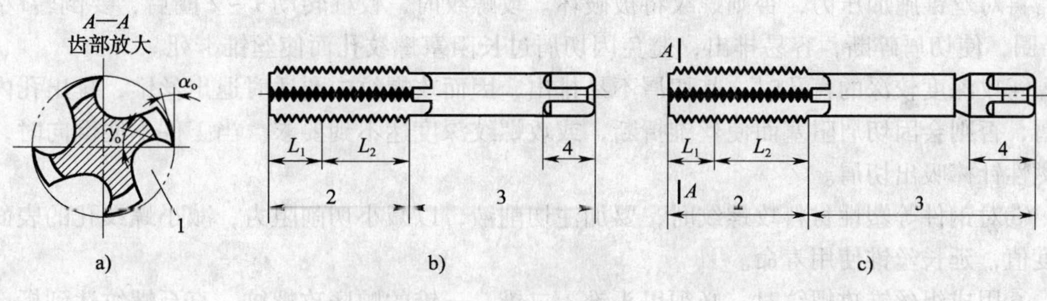

图 2—25　丝锥

a）切削部分断面　b）手用丝锥　c）机用丝锥

1—容屑槽　2—工作部分　3—柄部　4—方榫

2）铰杠。铰杠是用于夹持丝锥的工具，铰杠有普通铰杠和丁字形铰杠两类。其中又有固定式和活络式两种。

（2）攻螺纹的方法。攻螺纹前必须先钻出底孔，然后才能在孔壁上加工螺纹。

1）底孔直径和盲孔深度。底孔直径根据螺纹的大径、螺距和材料的不同，可按下列经验公式确定。

钢和塑性材料：$D = d - P$

铸铁和脆性材料：$D = d -（1.05 \sim 1.1）P$

式中 D——底孔直径，mm；

d——螺纹大径，mm；

P——螺距，mm。

2）攻螺纹操作。如图2—26所示，其操作步骤如下：

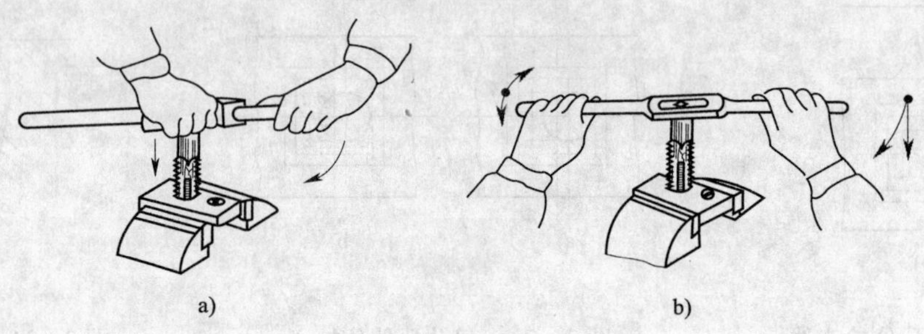

图2—26　攻螺纹操作

a）起攻　b）攻螺纹

①攻螺纹前要对底孔孔口倒角，且倒角处的直径应略大于螺纹大径，通孔螺纹的两端都要倒角，这样起攻时易使丝锥切入材料，并能防止孔口被挤压而产生凸边。

装夹工件时，应尽可能使螺纹孔中心线置于水平或垂直位置，以便攻螺纹时容易判断丝锥轴线是否垂直于工件平面。

②起攻时，将丝锥置于底孔孔口中，调整丝锥，使之与底孔同轴，或与工件表面垂直，然后对丝锥加压并转动铰杠进行起攻，如图2—26a所示，丝锥的切入量为1～3圈。

③当起攻后，丝锥的切削部分已切入工件，这时只需转动铰杠攻螺纹（见图2—26b），不需再对丝锥施加压力，否则螺纹将被破坏。攻螺纹时，铰杠转动1～2圈后，要倒转1/4～1/2圈，使切屑碎断，容易排出，避免因切屑过长阻塞螺纹孔而使丝锥卡死。

④攻深度较深的盲孔时，其切屑不易排出，因而攻螺纹中要适时退出丝锥，排出孔内的切屑，否则会因切屑阻塞而使丝锥折断，或攻螺纹深度达不到要求。当工件不便倒向时，可用磁性针棒吸出切屑。

⑤对钢件等塑性材料攻螺纹时，要加注切削液，以减小切削阻力，减小螺纹孔的表面粗糙度值，延长丝锥使用寿命。

⑥用成组丝锥攻螺纹时，必须以头锥、二锥、三锥的顺序攻螺纹，直至螺纹达到标准尺寸为止。

2．套螺纹

用圆板牙在圆杆上套出外螺纹的加工方法称为套螺纹。

（1）圆板牙。圆板牙有封闭式和开槽式两种结构，如图2—27所示。

（2）套螺纹的方法

1）圆杆的直径。圆杆的直径应略小于螺纹大径，其值可按下式计算：

$$D = d - 0.13P$$

式中　D——圆杆的直径，mm；

d——螺纹大径，mm；

P——螺距，mm。

2）套螺纹操作。套螺纹的操作步骤如下：

①套螺纹前应将圆杆加工出倒锥角，使圆板牙容易切入材料，如图 2—28 所示。锥体的最小直径应比螺纹小径略小，避免螺纹端部出现锋口和卷边。

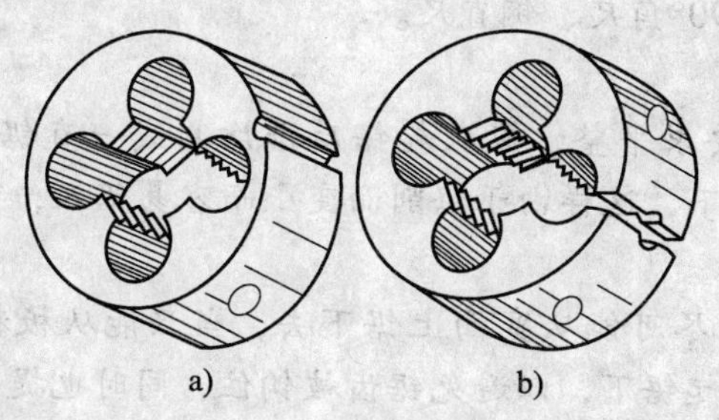

图 2—27　圆板牙
a）封闭式　b）开槽式

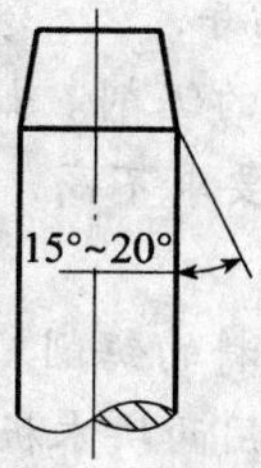

15°~20°

图 2—28　圆杆的倒锥角

②套螺纹时切削力矩较大，圆杆要用 V 形钳口或厚钢板作为衬垫牢固地夹持。

③起套时，要使圆板牙的端面与圆杆轴线垂直，并在转动圆板牙时施加轴向力，使圆板牙切入圆杆 2 ~ 3 圈。

④起套完成后，不需加压，只要转动圆板牙进行套螺纹，以免损坏螺纹和圆板牙，圆板牙转动 1 ~ 3 圈后，要反转 1/4 ~ 1/2 圈，以便断屑，防止过长的切屑影响套螺纹质量及缩短圆板牙的使用寿命。

⑤在钢件等塑性材料上套螺纹要加注切削液，以减小所加工螺纹的表面粗糙度值并延长圆板牙的使用寿命。

练习与实训

一、练习题

1．填空题

（1）錾子和样冲在使用过程中承受的都是________载荷。

（2）钻头是用________制成的。

（3）用锤子锤击錾子对金属工件进行切削加工的方法称为________。

（4）标准麻花钻的顶角 2ϕ 为________。

（5）丝锥有________和________两种。

2．判断题

（1）钻小直径孔或深孔时，进给力要更小，并要经常退钻排屑，以免切屑阻塞而扭断钻头。　（　　）

（2）钻孔时不许戴手套，是考虑干活方便。　（　　）

(3) 工件上的通孔将要钻透时，必须减小进给量，以免发生事故。 (　　)

(4) 用圆板牙在圆杆、管子外径上切削出外螺纹，称为攻螺纹。 (　　)

二、实训与指导

实训一：锯削

1. 目的要求

通过对棒料、薄板料及深缝的锯削训练，掌握正确的锯削操作。

2. 工具与量具

手锯、锉刀、划针、石笔、台虎钳、90°角尺、钢直尺。

3. 实训指导

(1) 棒料的锯削。如果锯削的断面要求平整，应从起锯后沿切割线一直锯削到结束。若锯出的断面要求不高，可分几个方向锯下，这样由于锯削面变小而容易锯入，可提高工作效率。

(2) 薄板料的锯削。锯削薄板料时应尽可能从宽面上锯下去，当只能从板料的窄面上锯下去时，可用两块木板夹持，连木块一起锯下，以避免锯齿被钩住，同时也提高了板料的刚度，使锯削时不发生颤动，如图2—29a所示。也可以把薄板料直接夹在台虎钳上，用手锯进行横向斜推锯，使锯齿与薄板接触的齿数增加，避免锯齿崩裂，如图2—29b所示。

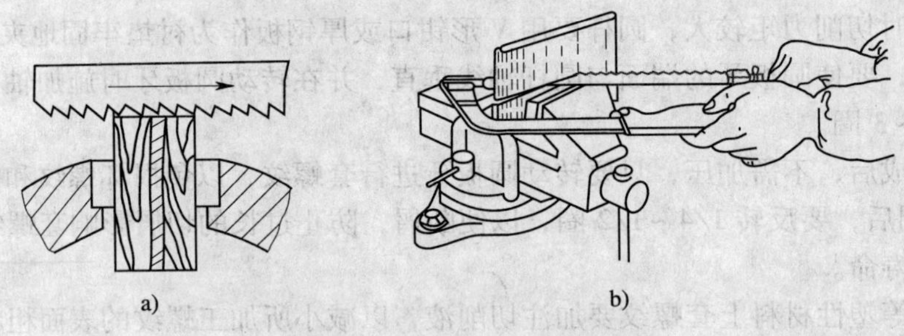

图2—29　薄板料的锯削方法

a) 用木板夹持　b) 横向斜推锯

(3) 深缝的锯削。如果要求锯缝不太深，可直接用手锯锯出，如图2—30a所示；当锯缝深度超过锯弓的高度时，应将锯条转过90°重新装夹，使锯弓转到工件的侧面进行锯削，如图2—30b所示；或将锯条转过180°，将锯弓放置在工件底部继续进行锯削，如图2—30c所示。

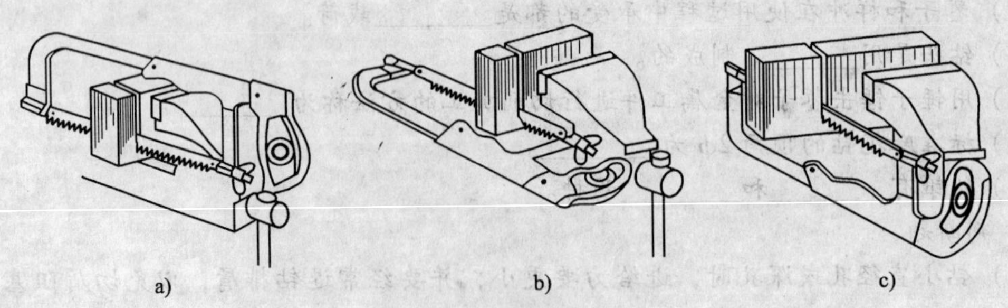

图2—30　深缝的锯削方法

4. 注意事项

(1) 锯削前，注意检查工件的装夹是否稳妥、锯条的安装是否正确，并要注意起锯方法。

(2) 要随时注意锯缝的平直状况，及时矫正，避免歪斜过多而无法借料找正。

(3) 在锯削钢件时，可加些机油冷却锯条。

5. 检查验收

检查尺寸精度、形位精度是否符合图样要求。

实训二：钻孔

实训指导：

1. 目的要求

通过对图 2—31 所示钻孔工件的加工训练，掌握钻削操作。

2. 工具与量具

划针、画规、样冲、手锤、钢直尺。

3. 实训指导

(1) 工件划线。首先按图样给出的尺寸要求划出孔位的十字中心线，再按孔的直径划出圆周线；钻孔前，先用样冲冲出中心孔，这样可使钻头横刃预先落入样冲眼的锥坑中，钻孔时不易偏离中心。

(2) 装夹工件、安装钻头。钻孔前必须将工件夹紧固定，以防钻孔时因工件移动、旋转而折断钻头，或使孔位偏移。夹持工件的方法要根据工件的大小和形状而定。按照前面钻削中介绍的方法安装钻头。

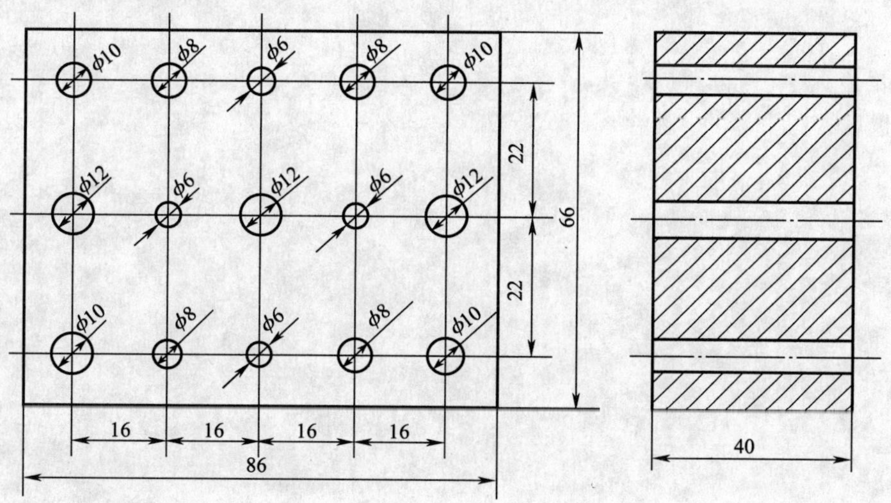

图 2—31 立钻钻孔工件

(3) 钻床转速的选择。加工钢件时钻床主轴切削速度取 16 ~ 24 m/s。

(4) 钻削

1) 起钻。起钻时，先使钻头对准孔中心钻出一浅坑，观察孔位是否正确，若有偏移要不断找正，使起钻浅坑与划线圆同轴。找正方法：如偏位较少，可在起钻的同时用力将工件向偏位的反方向推移，达到逐步找正；若偏位较多，可在偏移位置的相反方向上打出几个样冲眼或用油槽錾錾出几条槽，以减小此处的钻削阻力，以便钻削时自动纠正孔位。

无论采用何种方法纠偏，都必须在锥坑外圆小于钻头直径之前完成，否则难以保证钻孔位置精度。

2）进给。当起钻达到孔的位置要求后，即可夹紧工件，开始钻削进给。手动进给时，进给力不应过大，钻削过程中用力要均匀，防止因用力过大使钻头弯曲导致孔轴线歪斜或折断钻头。孔将要钻透时，要减小进给力，以防轴向阻力突然减小，进给量自动增大而折断钻头。

3）冷却润滑。钻孔时要加注足够的切削液。

4．注意事项

（1）操纵钻床时严禁戴手套，袖口必须扎紧。女士必须戴工作帽，长发不得外露。

（2）工件必须夹紧，特别是在小工件上钻孔时，装夹必须牢固，孔将要钻透时，要尽量减小进给力。

（3）开动钻床前，应检查是否有钻头夹钥匙或斜铁插在钻轴上。

（4）钻孔时严禁用手和棉纱头或用嘴吹来清除切屑，必须用毛刷等工具清除。

（5）头部不准与旋转的主轴靠得太近，停车时应让主轴自然停止，不可用手去制动，也不可用反转制动。

（6）严禁在开车状态下装卸钻头、检查工件和变换主轴转速，必须在停车状态下进行。

（7）清洁钻床或加注润滑油时，必须把电源开关关闭。

第三单元　矫　　正

模块一　矫 正 原 理

知识技能要求

1. 了解钢材的变形对材料造成的影响。
2. 掌握变形的实质及矫正方法。

钢材表面和焊接件通常存在不平、弯曲、扭曲、波浪形等不同变形，会使下料、零件制造和装配成品的尺寸发生偏差，从而影响质量。因此，必须对变形进行矫正，把变形控制在技术规定的范围内。

一、变形造成的影响

钢材的变形会影响零件的号料、切割和其他加工工序的正常进行，并降低加工精度。在零件加工中产生的变形如不加以矫正，会影响整个结构的正确装配。由焊接产生的变形，将降低装配质量，使结构内部产生附加应力，影响结构的强度。此外，某些金属结构的变形还影响到产品的外观质量。

所以，钢材和工件不论何种原因造成的变形都必须进行矫正，以消除变形或将其限制在规定的范围以内。

二、变形的实质和矫正方法

钢材和构件由于各种原因产生的变形，都是由于钢材各部分存在不同的残余应力，使结构组织中一部分纤维较长，受到周围的压缩，另一部分纤维较短，受到周围的拉伸造成的。矫正的目的，就是通过施加外力、锤击或局部加热，使较长的纤维缩短，较短的纤维伸长，最后使各层纤维长度趋于一致，从而消除变形或使变形减小到规定的范围之内。任何矫正方法都是形成新的方向相反的变形，以抵消钢材或构件原有的变形，使其达到规定的形状和尺寸要求。矫正的过程就是钢材由弹性变形转变成塑性变形的过程。

矫正的方法有多种，按矫正时工件的温度不同分为冷矫正和热矫正。冷矫正是工件在常温下进行的矫正，通过锤击延展等手段进行的冷矫正将引起冷作硬化，并消耗材料的塑性储备，所以，只适用于塑性较好的钢材。热矫正是将钢材加热至700～1 000℃高温时进行矫正，在钢材变形大、塑性差或缺少足够动力设备时应用。

按矫正时力的来源和性质分为机械矫正、手工矫正、火焰矫正和高频热点矫正。

练　习　题

填空题

(1) 焊接产生的变形会降低装配质量，使结构内部产生________，并影响结构的

________。

(2) 矫正的方法有多种，按矫正时工件的温度不同分为________和________。

(3) 构件热矫正的温度为________。

(4) 矫正的过程就是钢材由________变形转变到________变形的过程。

(5) ________造成的变形是构件变形的最大原因。

模块二　手　工　矫　正

知识技能要求

1. 掌握手工矫正工具、设备的正确使用。

2. 掌握正确的手工矫正方法。

手工矫正常见的是使用大锤或手锤，锤击工件的特定部位，以使该部位的金属得到延伸扩展，最终使各层纤维长度趋于一致，达到矫正的目的。

一、手工矫正用的工具和设备

手工矫正用的主要工具有手锤、大锤和型锤等，主要设备是平台。

在矫正薄钢板、有色金属材料或表面质量要求较高的工件时，还常会用到木锤、铜锤等用较软材料制成的锤。

1. 木锤

木锤锤头用硬杂木制成，呈圆柱状，装以木柄。规格常以锤头圆柱直径划分，在 ϕ80 ~ 250 mm 内有多种规格，如图 3—1 所示。

图 3—1　木锤

2. 铜锤

铜锤锤头用铜制成，锤柄常常用圆钢制作，铜锤没有一定规格，多为自制。

3. 平台

平台是冷作工的基本设备，除矫正工序外，还常用于放样、弯曲、装配等工序。

单个平台的规格为 1 000 mm × 1 500 mm、2 000mm × 3 000 mm，其高度为 200 ~ 300 mm。分带孔平台和带 T 形槽平台两种，如图 3—2 所示。

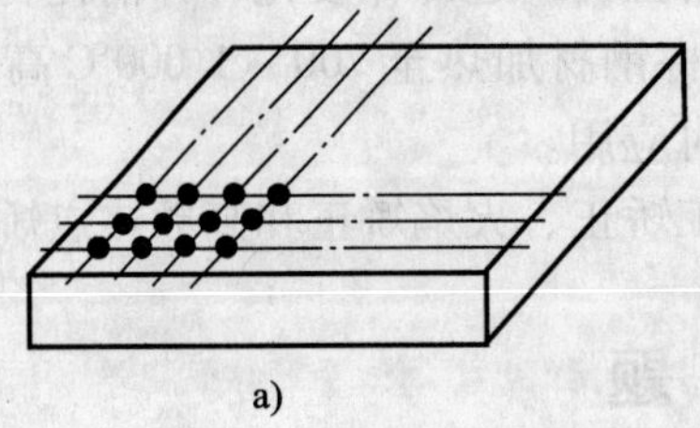

a)

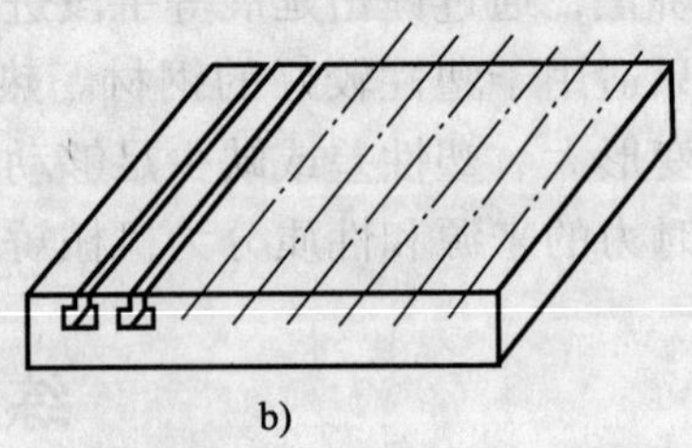

b)

图 3—2　平台

a) 带孔的平台　b) 带 T 形槽的平台

当需要更大作业平面的平台时，也可以用多块平台拼在一起，但必须经过找平、固定后，方可使用。

4. 大弯卡

大弯卡俗称“羊角卡”，用有一定弹性的中碳钢制成。其直段为圆柱状，直径尺寸比平台孔略小2~4 mm。弯曲段的断面为四方形，并从端部向弯曲根部逐渐加粗。整个大弯卡的制作是经锻造、压弯制成的。

二、手工矫正方法

1. 扭转法

扭转法是用来矫正条料扭曲变形的，一般将条料夹持在台虎钳上，用扳手施以扭矩，把条料扭转到原来的形状，来达到矫正目的，如图3—3所示。

2. 伸张法

伸张法是用来矫正各种细长线材的。其方法比较简单，只要将线材一头固定，然后在固定处开始，将弯曲线材绕圆木一周，紧捏圆木向后拉，使线材在拉力作用下绕过圆木得到伸长矫直，如图3—4所示。

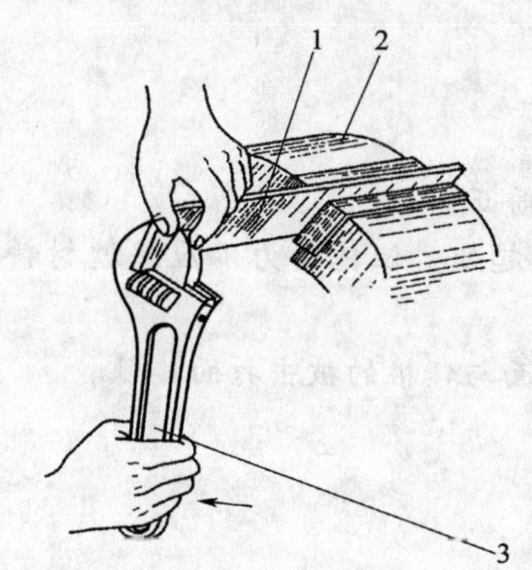

图3—3 扭转法

1—工件 2—台虎钳 3—扳手

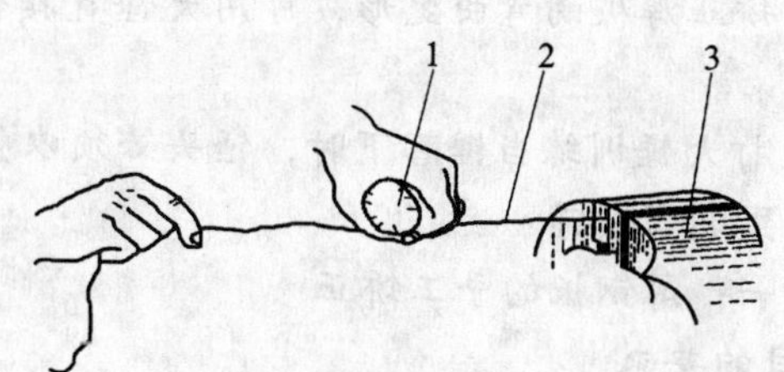

图3—4 伸张法

1—圆木 2—工件 3—台虎钳

3. 弯形法

弯形法是用来矫正各种弯曲的棒料和在宽度方向上弯曲的条料，如图3—5所示。

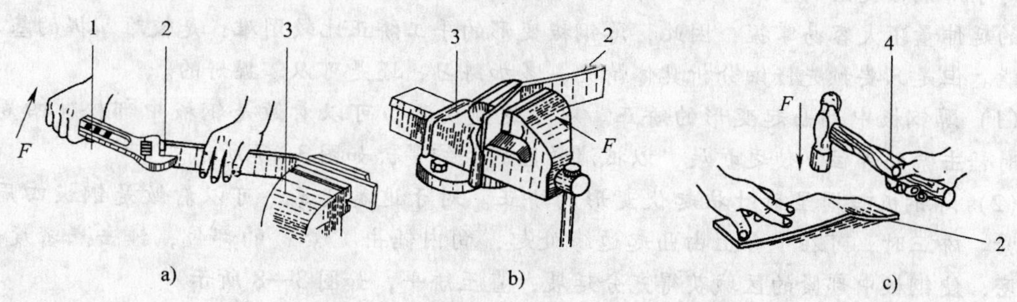

图3—5 弯形法

1—扳手 2—工件 3—台虎钳 4—手锤

一般可用台虎钳在靠近弯曲处夹持，用活扳手把弯曲部分扳直，如图 3—5a 所示；或用台虎钳将弯曲部分夹持在钳口内，利用台虎钳把它初步压直，如图 3—5b 所示，再放在平板上用手锤矫直，如图 3—5c 所示。直径大的棒料和厚度尺寸大的条料，常用压力机矫直。

4. 延展法

延展法是用手锤敲击材料，使它延展伸长达到矫正的目的，所以通常又叫锤击矫正法，如图 3—6 所示。

宽度方向上弯曲的条料，如果利用弯形法矫直，就会发生裂痕或折断，此时可用延展法来矫直，即锤击材料弯曲内侧，使内侧材料延展伸长而得到矫直。

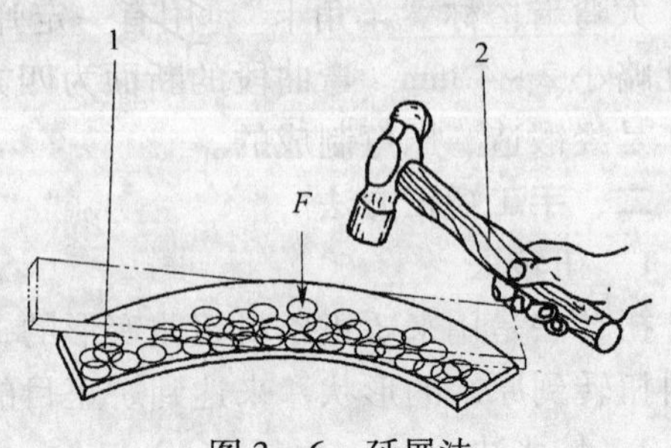

图 3—6 延展法

1—工件 2—手锤

练习与实训

一、练习题

判断题

(1) 直接锤击薄板中部凸起处即可将薄板的变形矫正。 ( )

(2) 矫正厚板的弯曲变形，可用大锤直接锤击凸起处，但锤击力不应超过材料的屈服点。 ( )

(3) 打大锤训练当锤落下时，锤头必须以整个锤面与锤桩的被击打面接触。 ( )

二、实训与指导

实训一：薄钢板的手工矫正

1. 目的要求

以对图 3—7、图 3—8 所示工件的矫正训练为例，学习正确的薄钢板手工矫正方法。

2. 工具

手锤、扳手、平台。

3. 训练指导

对于薄钢板变形的手工矫正工作，由于具体情况比较复杂，当手工矫正锤击薄钢板时，钢板的延伸量不太容易掌握，因此，薄钢板变形的手工矫正比较困难，是较难掌握的基本操作技能。但是只要预先仔细分析具体情况，多加练习，还是可以掌握好的。

(1) 薄钢板中部凸起变形的矫正。对于这类变形，可以看做是钢板中部松、四周紧。矫正时锤击紧的部位，使之扩展，以抵消紧区的收缩量，如图 3—7 所示。

(2) 薄钢板四周呈荷叶状起伏变形的矫正。对于这类变形，可以看做是钢板四周松、中间紧。矫正时，可在平台上由凸起边缘处起，向内锤击“紧”的部位，锤击点密度越向内越密，使钢板中部紧的区域获得充分延展，直至矫平，如图 3—8 所示。

(3) 薄钢板的无规则变形的矫正。这类变形有时很难一下判断出松、紧区，这时可以根据钢板变形的情况，在钢板的某一部位进行环状锤击，使无规则变形变成有规则变形，然后再判断松、紧部位，而后进行矫正。

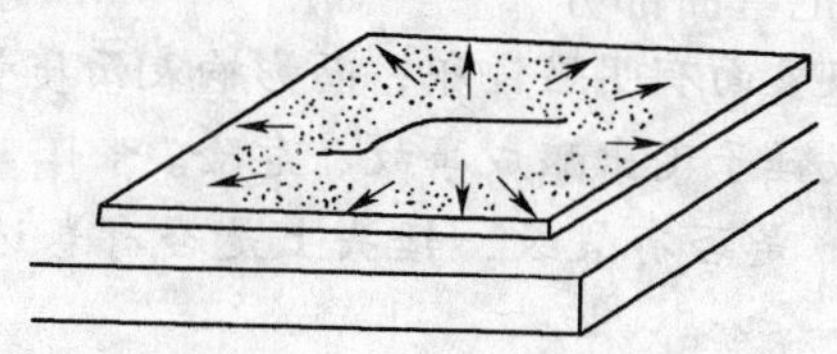

图 3—7　中部凸起工件的示意图

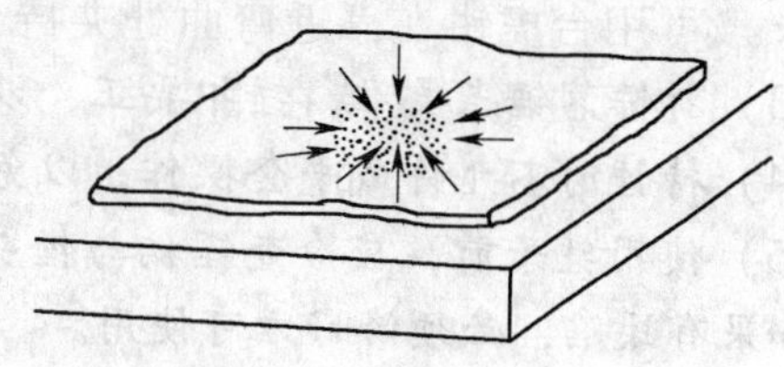

图 3—8　四周松工件的示意图

4. 注意事项

(1) 锤击时，从凸起处的边缘开始向外扩展锤击，锤击点的密度越向外越密，使钢板四周获得充分延展。

(2) 不可直接锤击凸起处，因为薄钢板的刚度较差，锤击时，如果凸起处被压下获得扩展，反而容易使变形更加严重。

实训二：厚钢板的手工矫正

1. 目的要求

以对图 3—9、图 3—10 所示厚钢板的矫正训练为例，学习正确的厚钢板手工矫正方法。

2. 工具

手锤、大锤、平台、扳手。

3. 实训指导

由于厚钢板的刚度较大，手工矫正比较困难。但对一些用厚钢板制成的小型工件，也经常用手工方法对其进行矫正。

(1) 直接锤击法（见图 3—9）。将弯曲的厚钢板凸面朝上扣放在平台上，持大锤直接锤击钢板的凸起处，当锤击力足够大时，可使钢板凸起处受压缩而产生塑性变形，从而使钢板获得矫平。

(2) 扩展凹面法（见图 3—10）。具体操作是将弯曲钢板凸侧朝下放在平台上，在钢板的凹处进行密集锤击，使其表层扩展而获得矫平。

实际生产中，当钢板幅面较大，采用其他手段进行矫正有困难时，常用风枪装上平冲头，代替锤击来扩展凹面。这种方法比较有效，但噪声较大，并且容易击伤钢板表面，使钢板表面粗糙，影响外观。

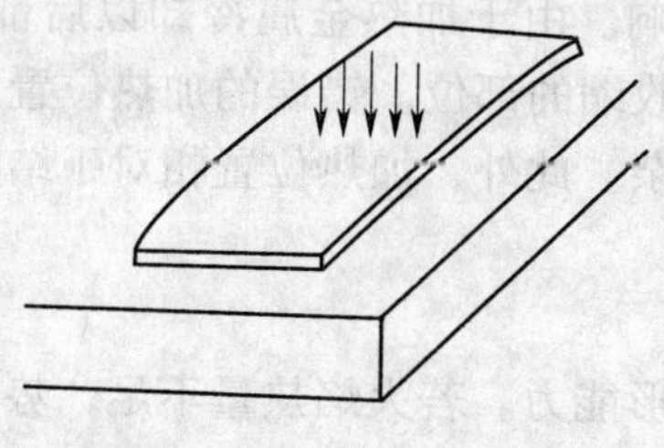

图 3—9　厚钢板矫正的示意图

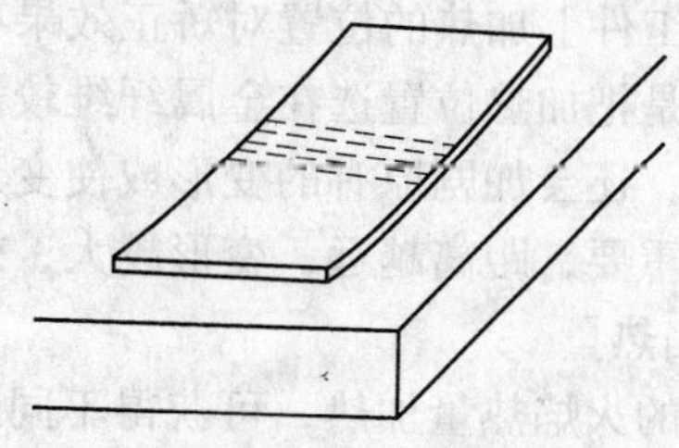

图 3—10　凹面矫正的示意图

4. 注意事项

(1) 厚度在 8 mm 以上的钢板，矫正中间凸起的方法是用锤子直接击打钢板的凸起处。

(2) 正确分析钢板变形的原因及部位，对各处变形的矫正要根据具体情况灵活运用矫正方法。

(3) 打锤落锤点要准，锤印要正，以免造成钢板表面有明显锤印，而影响表面质量。

(4) 持锤时不允许戴手套操作，以免打滑，造成锤子飞出酿成事故、危险。

(5) 使用锤子前，应检查锤柄与锤头是否松动，是否有裂纹，锤头上是否有卷边或毛刺。如果有缺陷，必须修好方可使用。

模块三 火焰矫正

知识技能要求

1. 了解火焰矫正的原理及加热方式。

2. 正确运用火焰矫正对工件进行变形矫正。

火焰矫正能获得相当大的矫正力，矫正效果明显，且火焰矫正设备简单，方法灵活，操作方便，所以，不仅在材料准备工序中，用于钢板和型钢矫正，而且广泛应用于金属结构在制作过程中各种变形的矫正。

一、火焰矫正的原理

火焰矫正是利用金属局部加热后所产生的塑性变形抵消原有的变形，而达到矫正的目的。火焰矫正时，应对变形钢材或构件纤维较长处的金属进行有规律的火焰集中加热，并达到一定的温度，使该部分金属获得不可逆的压缩塑性变形。冷却后，对周围的材料产生拉应力，使变形得到矫正。

二、影响火焰矫正效果的因素

经火焰局部加热产生塑性变形的部分金属冷却后都趋于收缩，引起结构新的变形，这是火焰矫正的基本规律，以此可以确定变形的方向。但变形的大小受以下几个因素的影响。

1. 工件的刚度

当加热方式、位置和火焰热量都相同时，所获得矫正变形的大小和工件本身的刚度有关，工件刚度越大，变形越小，反之，刚度越小，变形越大。

2. 加热位置

火焰在工件上加热的位置对矫正效果有很大影响。由于加热金属冷却以后都是收缩的，所以一般总是把加热位置选在金属纤维较长、需要收缩的部位。错误的加热位置不仅收不到矫正的效果，还会加剧原有的变形或使变形更趋复杂。此外，加热位置相对于结构中性轴的距离也十分重要，距离越远，变形越大，效果越好。

3. 火焰热量

用不同的火焰热量加热，可获得不同的矫正变形能力。若火焰热量不足，势必延长加热时间，降低工件上的温度梯度，加热处和周围金属温差减小，降低矫正效果。

4. 加热面积

火焰矫正所获得的矫正力和加热面积成正比。达到热塑状态的金属面积越大，得到的矫正力也越大。所以，工件刚度和变形越大，加热的总面积也应越大。必要时可以多次加热，但加热的位置应错开。

5．冷却方式

火焰加热时，若浇水急冷，可提高矫正效率，这种方法称为水火矫正，可以应用于低碳钢和部分低合金钢。但对于比较重要的结构和淬硬倾向较大的钢材不宜采用。水火之间的距离也应注意，矫正厚4~6 mm 的钢板，一般应为25~30 mm。有淬硬倾向的材料距离还应大些。水冷的主要作用是建立较大的温度梯度，以造成较大的温差效应。同时，水冷还可以缩短重复加热的时间间隔。一般来说，金属冷却的速度对矫正效果并无明显影响。

三、火焰矫正的加热方式及其注意事项

按加热区的形状分为点状加热、线状加热和三角形加热三种方式。

1．点状加热

用火焰在工件上做圆环状移动，均匀地加热成圆点状（俗称火圈），根据需要可以加热一点或多点。多点加热时在板材上多呈梅花状分布，如图3—11 所示；型材或管材则多呈直线排列。加热点直径 d 随板厚变化（厚板略大些，薄板略小些），但一般不应小于15 mm。点间距离 a 随变形增大而减小，一般在50~100 mm。

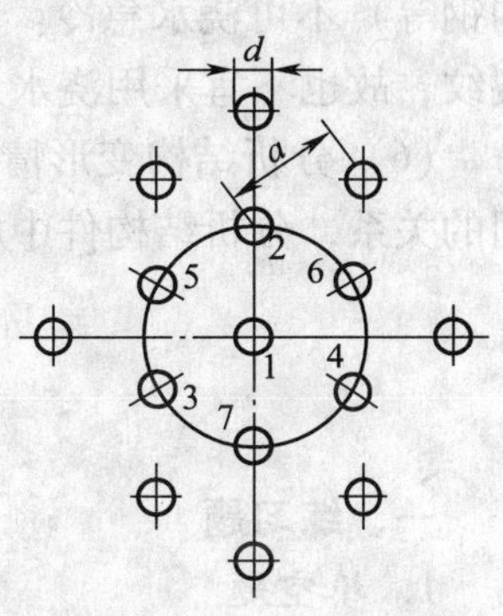

图3—11 点状加热

2．线（条）状加热

火焰沿一定方向直线移动并同时做横向摆动，以形成有一定宽度的条状加热区，如图3—12 所示。线状加热时，横向收缩大于纵向收缩，其收缩量随加热区宽度 b 的增加而增加，加热区宽度通常取板厚的0.5~2.0 倍，一般为15~20 mm。加热线的长度和间距视工件尺寸和变形情况而定。线状加热多用于矫正刚度和变形较大的结构。

3．三角形加热

将火焰摆动，使加热区呈三角形，三角形底边在被矫正钢板或型钢的边缘，角顶向内，如图3—13 所示。因为三角形加热面积大，故收缩量也大，而且沿三角形高度方向的加热宽度不相等，越靠近板边，收缩量越大。所以，三角形加热法常用于矫正厚度和刚度较大构件的变形，如型钢和焊接梁的弯曲变形，或用于矫正板架结构中钢板自由边缘的波浪变形。三角形的顶角约为30°，矫正型材或焊接梁时，三角形的高度应为辐板高度的1/3~1/2。

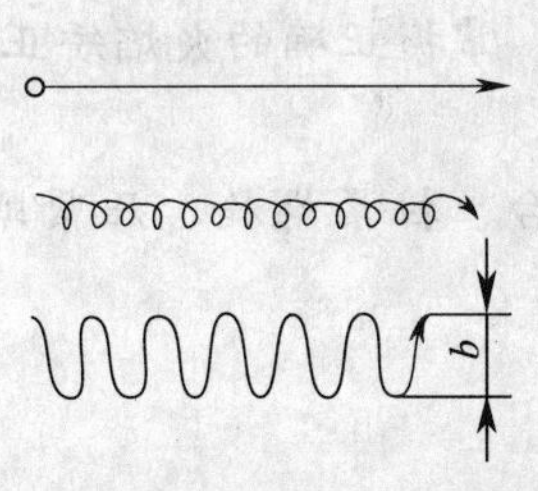

图3—12 线状加热

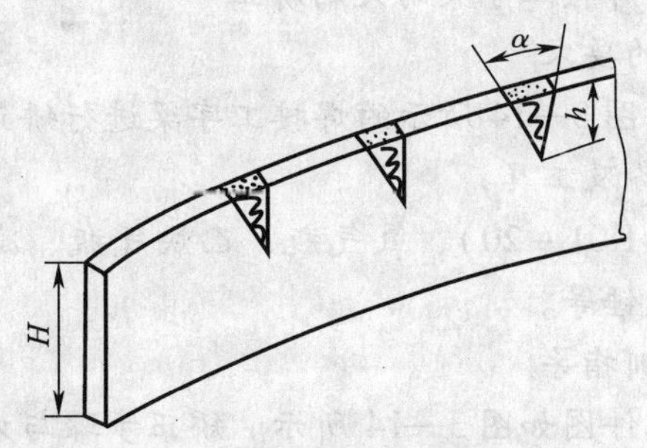

图3—13 三角形加热

4．火焰矫正的注意事项

不管选用哪种加热区形状和方法，在加热时应注意以下几点：

（1）加热速度要快，热量要集中，尽量缩小除加热区外的受热范围。这样可以提高矫正效果，在局部获得较大的收缩量。

（2）加热时，焊嘴要做圈状或线状晃动，不要只烤一点，以免烧坏被矫正的钢材。

（3）当第一道矫正过后，需重复进行局部加热矫正时，加热区不得与前次加热区重合。

（4）为加快加热区收缩，有时常辅之以锤击，但要用木锤或铜锤，不得用铁锤。

（5）考虑火焰矫正时对钢材性能的影响。要根据变形件材质及结构特点，考虑是否采用火焰矫正，能否采用喷水冷却，并选用合适的加热温度。有时为了加快冷却速度，可采用浇水急冷的方法。但要注意被矫材料的材质，具有淬硬倾向的材料（如中碳钢、低合金结构钢等）不可浇水急冷。较厚材料在其表层和内部冷却速度不一致时，容易在交界处出现裂纹，故也不宜采用浇水急冷。

（6）分析结构变形情况，选择最佳的矫正方案。要分析结构件局部变形与整体变形之间的关系，分析结构件中应力分布情况，确定最佳的加热方式、加热位置和矫正步骤。

练习与实训

一、练习题

1. 填空题

（1）火焰矫正的加热方式，按加热区的形状分为________、________和________三种方式。

（2）火焰矫正能获得相当大的________，矫正效果明显。

2. 选择题

（1）火焰矫正的温度为（　　）℃。

A. 500 ~ 600　　B. 600 ~ 700　　C. 700 ~ 1 000

（2）用氧—乙炔火焰热矫薄钢板时，加热采用（　　）。

A. 中性焰　　B. 氧化焰　　C. 碳化焰

二、实训与指导

实训：焊接工字梁的火焰矫正

1. 目的要求

通过对图 3—14 所示的焊接工字梁进行矫正操作训练，掌握正确的火焰矫正操作方法。

2. 设备及工具

焊炬（H01 - 20）、氧气瓶、乙炔气瓶、减压器、平台、拉紧螺栓、压紧螺栓、压板、活扳手、大锤等。

3. 实训指导

矫正工件图如图 3—14 所示。矫正步骤与方法如下：

（1）扭曲变形的矫正。工字梁刚度大，除加热温度应稍高（750 ~ 800℃）外，矫正时还需辅之以外力。先将工字梁放在平台上固定好，并用拉紧螺栓在梁的两端对角拉紧，再在梁中部上翼板上进行加热。若扭曲严重，可在中部辐板上同样加热（见图 3—15）。加热后，收紧螺栓拉杆以施加外力矫正扭曲。

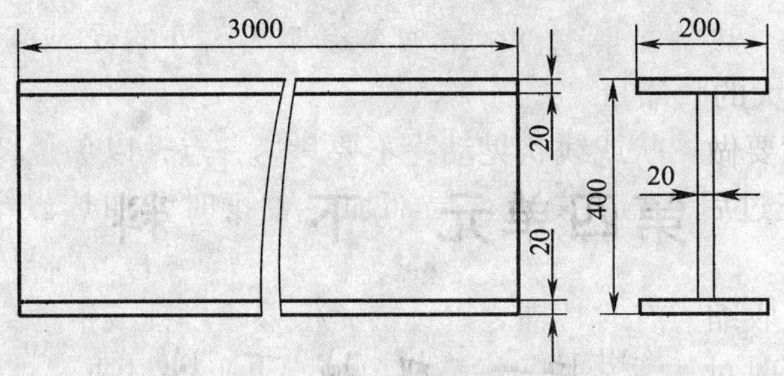

技术要求

1. 各面平面度偏差应小于 2 mm；

2. 辐板与翼板垂直度偏差应小于 1 mm。

图 3—14 焊接工字梁

若一次加热不能完全矫正扭曲，可重复上述矫正过程，但加热位置不得与前次重合。考虑到扭曲为整体变形，加热位置应始终对称分布。

（2）弯曲变形的矫正。工字梁弯曲变形分为立拱（辐板平面内的弯曲）和旁弯（翼板平面内的弯曲）。工字梁立拱和旁弯的矫正均可采用三角形加热方式，加热位置应在工件弯曲的外凸侧，并应均匀分布。矫正立拱时，以加热辐板为主，必要时也需对工字梁的上翼板适当加热（见图 3—16a）；矫正旁弯时，只要加热外凸侧的两翼板即可（见图 3—16b）。

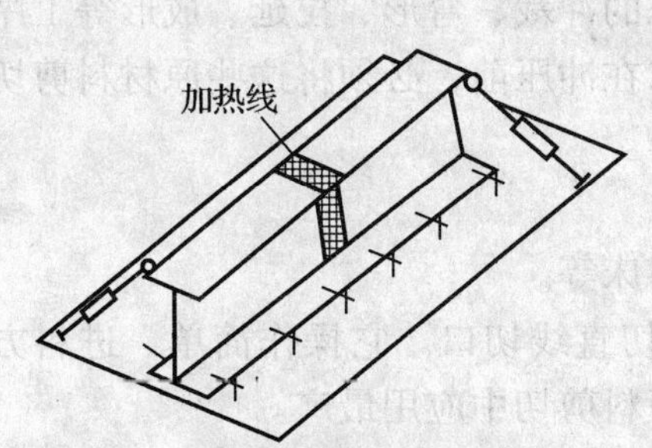

图 3—15 焊接工字梁扭曲变形的矫正

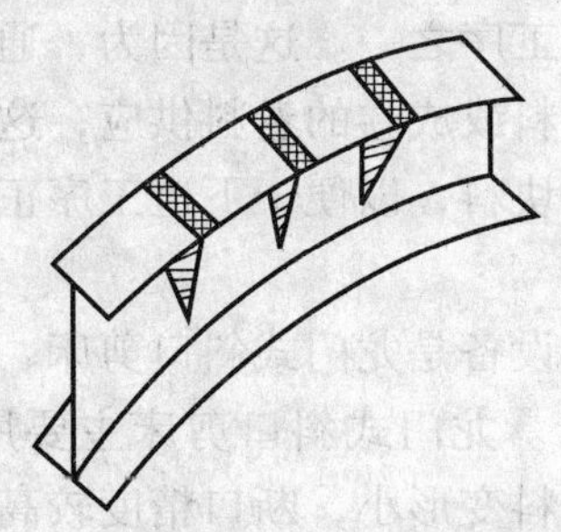

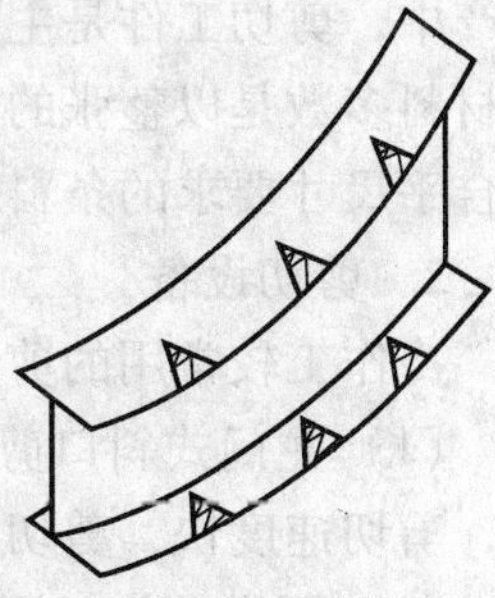

图 3—16 焊接工字梁弯曲变形的矫正

a）立拱的矫正 b）旁弯的矫正

（3）工字梁矫正质量的检验

1）扭曲矫正的检验。将矫正后的工字梁放在平台或较平整的钢板上，用粉线贴着工字梁辐板平面在两端对角拉紧，观察工字梁辐板与粉线间是否有间隙。若无间隙，说明扭曲变形已得到矫正。

2）弯曲矫正的检验。将两端拉紧的粉线贴在工字梁辐板或翼板上，观察粉线与工字梁间是否有间隙，以检查工字梁辐板和翼板是否还有弯曲。若两者均无间隙，说明弯曲变形已得到矫正。

检验工字梁矫正质量也可采取目测的方法。

4. 注意事项

（1）使用加热工具和设备时，应严格遵守有关的安全操作规程。

（2）工作场地应平整，不允许有障碍物。

第四单元　下　　料

模块一　机 械 下 料

知识技能要求

能够使用剪床、冲床完成对原材料的剪切和冲裁。

下料是将零件或毛坯从原材料上分离下来的工序。冷作工常用的下料方法有剪切、冲裁、气割等。剪切是冷作工应用的主要下料方法，具有生产效率高、剪断面比较光洁、能切割板材及各种型材等优点。

一、剪切

1. 剪切下料的作用

剪切是使板料或卷料通过专门剪切设备沿直线或曲线相互分离的一种冲压工序。在冲压生产中，剪切工件是主要工序之一。这是因为，通常冲压的冲裁、弯形、拉延、成形等工序原材料多数是以整张的板料或成卷的卷料供应，这就要求在冲压前，必须将这些原材料剪切成合乎尺寸要求的条料或块料，以便于下道工序正常工作。

2. 剪切设备

冷作工较常用的剪切设备是龙门式斜口剪床、圆盘剪床等。

（1）龙门式斜口剪床。龙门式斜口剪床主要用于剪切直线切口。它操作简单，进料方便，剪切速度快，剪切材料变形小，断口精度较高，在板料剪切中应用最广。

（2）圆盘剪床。圆盘剪床的剪切部分由上、下两个滚刀组成。剪切时，上、下滚刀做同速反向转动，材料在两滚刀间边剪切、边输送。圆盘剪床由于上、下滚刀重叠甚少，瞬时剪切长度极短，且板料转动基本不受限制，适用于剪切曲线，并能连续剪切。但被剪材料弯曲较大，边缘有毛刺，一般圆盘剪床只能剪切较薄的板料。

3. 剪切方法

（1）剪直线。首先清扫钢板表面，然后划出剪切线，将剪切线对准下刃口，控制操纵机构进行剪切。如果一张钢板上有几条相交的剪切线，应先确定剪切顺序，不能任意剪切，否则导致剪切困难。选择剪切顺序的原则是：每次剪切能将钢板分成两块，如图 4—1 所示。

（2）剪窄料。板料由于宽度较窄距压板装置较远而压不到时，为了安全顺利地剪切，可加与被剪板料同等厚度的垫板和压板压牢进行剪切，压板可厚些，如图 4—2 所示。

（3）利用挡板剪切。当剪切尺寸相同、数量较多的钢板时，可用挡板定位，免去划线工序，提高剪切效率。挡板分为前挡板、后挡板及角挡板。把板料的一边或两边靠紧挡板，就可剪切。用挡板剪切时，应先试切，检验合格后，进行成批剪切，如图 4—3 所示。

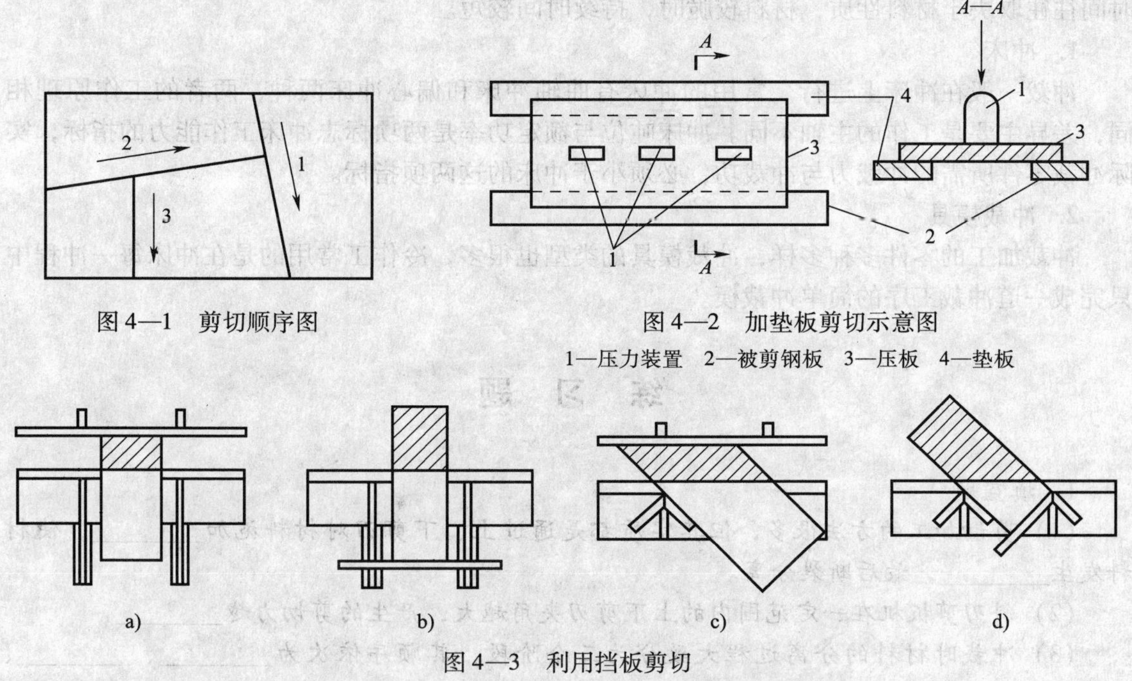

图 4—1 剪切顺序图

图 4—2 加垫板剪切示意图

1—压力装置 2—被剪钢板 3—压板 4—垫板

图 4—3 利用挡板剪切

a）用后挡板剪切 b）用前挡板剪切 c）、d）用角挡板剪切

二、冲裁

冲裁也是钢材切割的一种方法，对成批生产的零件或定型产品，应用冲裁下料，可提高生产效率和产品质量。

冲裁时，材料置于凸、凹模之间，在外力作用下，凸、凹模产生一对剪切力（剪切线通常是封闭的），材料在剪切力作用下被分离（见图 4—4）。冲裁的基本原理与剪切相同，只不过是将剪切时的直线刀刃改变成封闭的圆形或其他形式的刀刃而已。

板料在冲裁力作用下的分离过程是瞬间完成的。此过程可以分为三个阶段：

第一阶段为弹性变形阶段。当凸模开始接触板料并下压时，板料产生弹性压缩和弯曲，板料下面的一部分金属被挤入凹模孔。这时板料的内应力并未超过弹性极限，如果外力消除，板料将恢复原状。

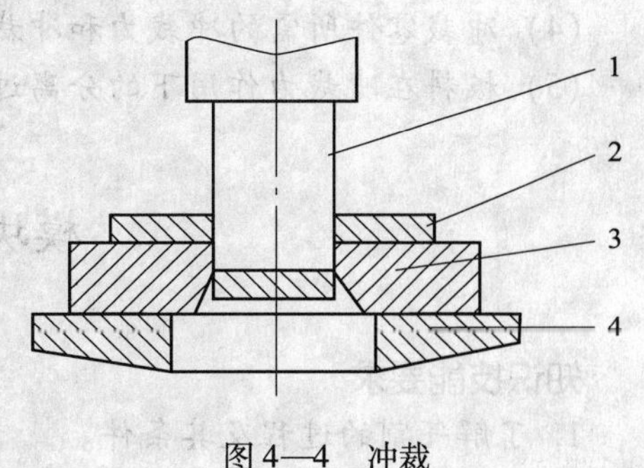

图 4—4 冲裁

1—凸模 2—板料

3—凹模 4—冲床工作台

第二阶段为塑性变形阶段。随着外力的增加，凸模继续压入金属。当板料内应力超过其屈服点时，板料即开始产生塑性变形。当凸模压入板料上表面达到一定深度，板料的下表面也相应地被挤入凹模孔一定深度时，凸模和凹模刃口处的金属开始出现裂纹，这表明变形阶段结束。

第三阶段为剪裂阶段。凸、凹模周边刃口处的板料发生裂纹时，板料内部应力达到了材料的抗剪强度，此时冲裁力达到最大值，裂纹迅速扩展，当上下裂纹重合时，板料即被拉断分离。

这三个阶段均是在瞬间完成的，各个阶段所需的外力和时间不尽相同。一般来讲，冲裁时间往往取决于材料性质，材料较脆时，持续时间较短。

1. 冲床

冲裁一般在冲床上进行。常用的冲床有曲轴冲床和偏心冲床两种，两者的工作原理相同，差异主要是工作的主轴不同。冲床吨位与额定功率是两项标志冲床工作能力的指标，实际冲裁零件所需的冲裁力与冲裁功，必须小于冲床的这两项指标。

2. 冲裁模具

冲裁加工的零件多种多样，冲裁模具的类型也很多，冷作工常用的是在冲床每一冲程中只完成一道冲裁工序的简单冲裁模。

练 习 题

1. 填空题

(1) 剪切加工的方法很多，但其实质都是通过上、下剪刃对材料施加________，使材料发生________，最后断裂分离。

(2) 斜刃剪板机在一定范围内的上下剪刃夹角越大，产生的剪切力越________。

(3) 冲裁时材料的分离过程大致分为三个阶段，其顺序依次为________、________、________。

(4) 常用的冲床有________和________两种。

(5) ________与________是两项标志冲床工作能力的指标。

2. 判断题

(1) 平刃剪切时，由于剪刃同时与材料接触，材料受力均匀，切下的工件变形小。( )

(2) 斜刃剪切时，剪下的工件变形较大是由于剪切力较大的缘故。( )

(3) 在使用龙门剪板机剪切较厚的材料时，可以通过调整上、下剪刃之间的夹角来获得较大的剪切力。( )

(4) 冲裁零件所需的冲裁力和冲裁功，必须等于冲床吨位与额定功率。( )

(5) 板料在冲裁力作用下的分离过程是瞬间完成。( )

模块二 气 割

知识技能要求

1. 了解气割的过程及其条件。

2. 熟悉气割设备、辅助工具及其使用方法。

氧—乙炔气（或液化石油气）切割（简称气割）也是冷作工常用的下料方法。气割可切割较大厚度范围的钢材，而且设备简单，成本低，生产效率高，可实现空间任意位置的切割。所以，在金属结构制造及维修中，气割得到广泛的应用。

一、气割的过程及条件

1. 气割的过程由以下三个阶段组成：

（1）金属预热。开始气割时，必须用预热火焰，根据氧气和乙炔的混合比不同，可分为碳化焰、氧化焰、中性焰三种。气割采用的是氧气和乙炔比例适中，火焰中两种气体均无过剩的中性焰，将欲切割处的金属预热至燃烧温度（即燃点）。一般碳钢在纯氧中的燃点为1 100 ~ 1 150℃。

（2）金属燃烧。把切割氧喷射到达到燃点的金属上时，金属便开始剧烈地燃烧，并产生大量的氧化物（熔渣）。由于金属燃烧时会放出大量的热，使氧化物呈液体状态。

（3）氧化物被吹除。液态氧化物受切割氧流的压力而被吹除，上层的金属氧化时，产生的热量能传至下层金属，使下层金属预热到燃点，切割过程由表面深入到整个厚度，直至将金属割穿。

2. 金属材料只有满足下列条件，才能进行气割：

（1）金属材料的燃点必须低于其熔点。

（2）燃烧生成的金属氧化物的熔点应低于金属本身的熔点，同时流动性要好。

（3）金属燃烧时应能放出大量的热，而且金属本身的导热性要差。

（4）被气割金属中阻碍气割过程的杂质要少，能防止气割缝表面产生裂纹等缺陷。

二、气割的设备及工具

1. 氧气瓶

氧气瓶是一种储存和运输氧气用的高压容器。通常将空气中制取的氧气压入氧气瓶内。国内常用氧气瓶的充装压力为15 MPa，容积为40 L，在15 MPa的压力下，可储存6m^3氧气。氧气瓶外表面涂成天蓝色，并写有黑色“氧气”字样。氧气瓶的构造如图4—5所示。

2. 乙炔气瓶

乙炔气瓶是一种储存和运输乙炔的容器，但它既不同于压缩空气瓶，也不同于液化气瓶，其构造如图4—6所示。

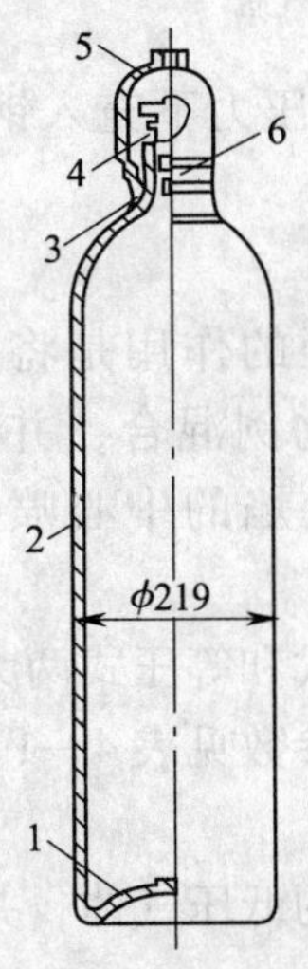

图4—5　氧气瓶的构造

1—瓶底　2—瓶体　3—瓶箍

4—瓶阀　5—瓶帽　6—瓶头

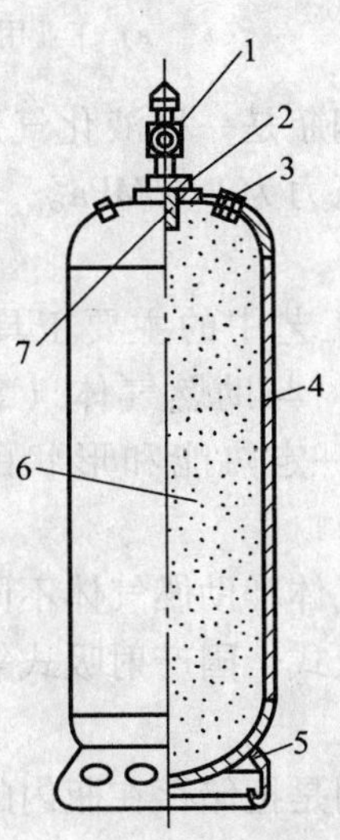

图4—6　乙炔气瓶的构造

1—瓶阀　2—瓶颈　3—可熔安全塞

4—瓶体　5—瓶座　6—多孔性填料　7—石棉

乙炔瓶内装有多孔而轻质的固态填料，如活性炭、木屑、浮石及硅藻土等合成物，目前已广泛应用硅酸钙，由它来吸收液体物质丙酮，而丙酮用来溶解乙炔。常用的乙炔瓶容积为40 L，可溶解乙炔净重5～7 kg，按6.5 kg计算，则乙炔气体积约6 m^3。乙炔瓶内最高工作压力为1.5 MPa。乙炔瓶阀下面的填料中心部分长孔内装有石棉，其作用是帮助乙炔从多孔性填料内的丙酮中分解出来。

乙炔瓶的外表涂成白色，并醒目地标有红色的“乙炔”和“不可近火”字样。

3. 液化石油气瓶

我国的液化石油气瓶在工业瓶组站供气上多采用YSP118－Ⅱ型钢瓶。钢瓶颜色规定民用液化石油气钢瓶表面涂灰色，并有红色的“液化石油气”字样；工业液化石油气钢瓶表面涂棕色，并有白色的“液化石油气”字样，如图4—7所示。

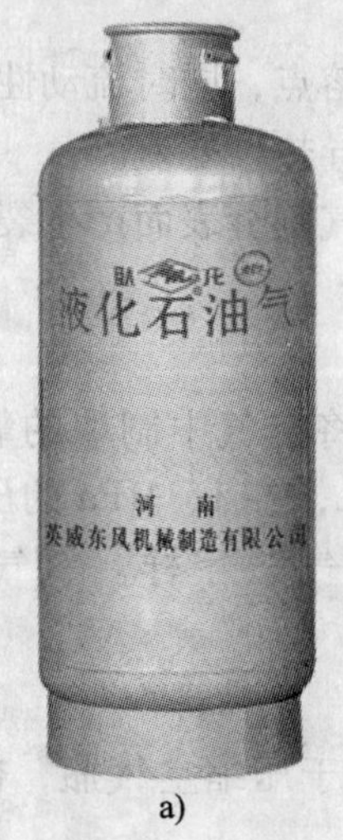

a)

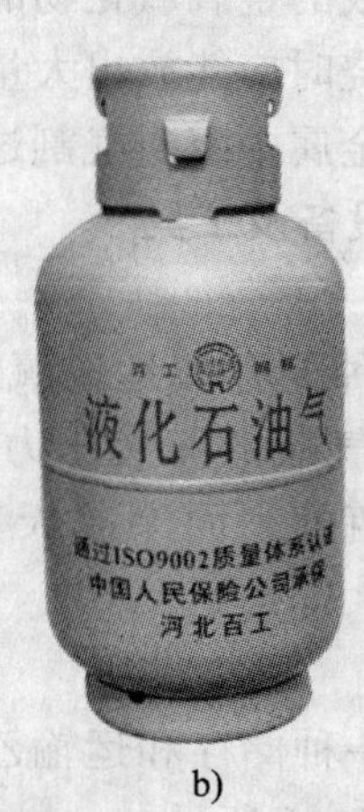

b)

图4—7 液化石油气钢瓶对照图

a）工业用液化石油气瓶 b）民用液化石油气瓶

液化石油气钢瓶是一种液化气瓶。液化石油气是在一定压力下充入钢瓶并储存于其中的。钢瓶的设计压力为1.6 MPa。

4. 割炬

割炬是气割工艺中的主要工具，如图4—8所示。割炬的作用是将可燃气体（乙炔气或液化石油气）与助燃气体（氧气）以一定的方式和比例混合，并以一定速度喷出燃烧，形成具有一定热能和形状的预热火焰，并在预热火焰的中心喷射高压切割氧进行气割。

割炬按可燃气体和助燃气体不同混合方式，可分为射吸式和等压式两大类。目前国内最常用的割炬为射吸式，国产射吸式氧—乙炔割炬的主要技术参数见表4—1。

5. 减压器

减压器的作用是把储存在瓶内的高压气体降为工作需要的低压气体，并保持输出气体的压力和流量稳定，以便使用。

减压器按工作气体分有氧气用、乙炔气用和液化石油气用等。目前国产的减压器主要是单级反作用式和双级混合式。

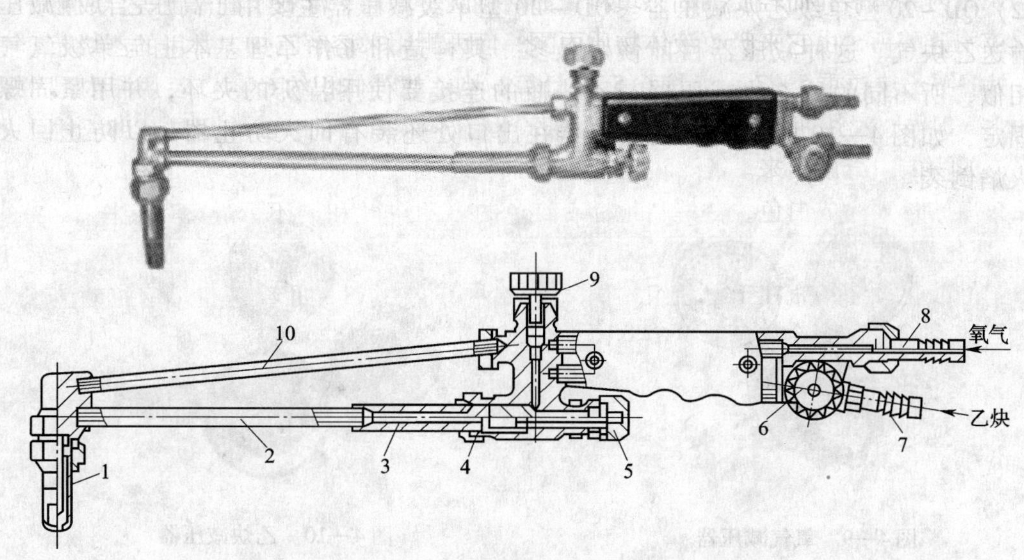

图 4—8　射吸式割炬的结构原理

1—割嘴　2—混合气管　3—射吸管　4—喷嘴　5—预热氧气调节阀
6—乙炔调节阀　7—乙炔管接头　8—氧气管接头　9—切割氧气调节阀　10—切割氧气管

表 4—1　　　　射吸式氧—乙炔割炬的主要技术参数

割炬型号	割嘴型号	割嘴孔径/mm	切割厚度范围（低碳钢）/mm	气体压力/MPa		气体消耗量/（m^3/h）	
				氧气	乙炔	氧气	乙炔
	1	0.7	3.0～10	0.20		0.8	0.21
G01－30	2	0.9	10～20	0.25		1.4	0.24
	3	1.1	20～30	0.3		2.2	0.31
	1	1.0	20～40	0.3		2.2～2.7	0.35～0.4
G01－100	2	1.3	40～60	0.4		3.5～4.2	0.4～0.5
	3	1.6	60～100	0.5	0.001～0.1	5.5～7.3	0.5～0.61
	1	1.8	100～150	0.5		9.0～10.8	0.68～0.78
G01－300	2	2.2	150～200	0.65		11～14	0.8～1.1
	3	2.6	200～250	0.8		14.5～18	1.15～1.2
	4	3.0	250～300	1.0		19～26	1.25～1.6

注：1. 气体消耗量为参考数据。

2. 割炬型号含义：G——割炬；0——手工；1——射吸式；

30、100、300——能切割低碳钢的最大厚度。

各种结构形式的减压器简介：

（1）QD－1 型氧气减压器。QD－1 型减压器是单级反作用式减压器，主要用于高压氧气瓶减压和稳定输送氧气。减压器的外壳涂成天蓝色，这种减压器目前使用最多，如图 4—9 所示。

（2）QD－20 型单级乙炔减压器。QD－20 型单级减压器主要用于高压乙炔瓶减压和稳定输送乙炔气。这种减压器目前使用最多，其构造和工作原理基本上与单级氧气减压器相似，所不同的是乙炔减压器与乙炔瓶的连接要使用特殊的夹环，并用紧固螺钉加以固定，如图 4—10 所示。而且减压器在出口处还装有回火防止器，以防止回火时燃烧火焰倒袭。

图 4—9　氧气减压器

图 4—10　乙炔减压器

乙炔减压器的本体上装有 0～2.5 MPa 的高压乙炔表和 0～0.25 MPa 的低压乙炔表。在减压器的压力表上有指示该压力表最大许可工作压力的红线，以便使用时严格控制。

（3）QW5－25/0.6 型单级丙烷减压器。QW5－25/0.6 型单级杠杆式减压器主要用于液化石油气（丙烷）瓶的减压和稳定输送液化石油气。其结构如图 4—11 所示。液化石油气减压器外壳涂成灰色。

不同气体用减压器，虽结构、原理和使用方法基本相同，为避免混用造成事故，所以其尺寸、形状、材料、装卡方法和外观涂色等均不同。

6．回火防止器

回火防止器是安装在气焊（割）供给燃料的系统上，防止向送气管路或燃烧气源发生回火的保险装置，如图 4—12 所示。由于氧—乙炔焰使用过程中会出现回火现象，即混合气体火焰倒流入焊（割）炬，为了防止火焰回流到气瓶引起爆炸，在乙炔通路上要安装回火防止器。

回火防止器按乙炔压力不同可分为低压式和中压式两种；按作用原理不同可分为水封式和干式两种；按装置的部位不同可分为集中式和岗位式两种。

图 4—11　液化石油气减压器

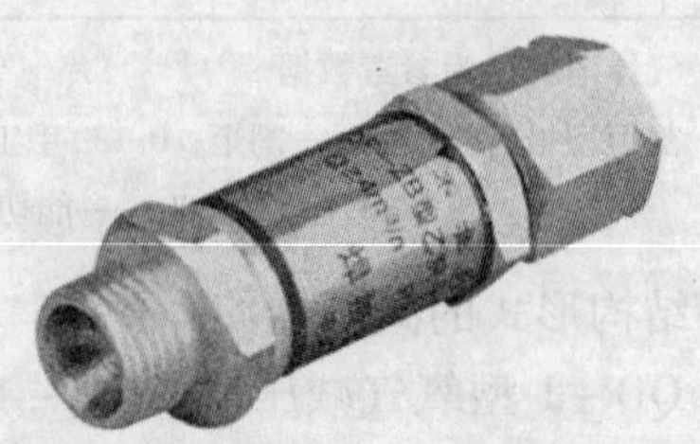

图 4—12　回火防止器

7. 气割辅助工具

(1) 护目镜

(2) 点火枪

(3) 氧气胶管和乙炔胶管

(4) 其他工具

1) 清理焊缝的工具：钢丝刷、锤子、锉刀。

2) 连接启闭气体通路的工具：钢丝钳、铁丝、扳手等。

3) 清理焊嘴和割嘴用的通针，每个气割工都应有一组粗细不等的钢质通针，以便清除堵塞焊嘴或割嘴的脏物。

练习与实训

一、练习题

1. 填空题

(1) 工作时，使用乙炔的压力不能超过________，输出流量不能超过________。

(2) 氧气瓶瓶体颜色为________，并注有________的“氧气”字样；乙炔瓶瓶体颜色为________，并注有________的“乙炔”字样。

(3) 氧—乙炔焰的切割过程包括________、________、________三个阶段。

(4) 金属的气割过程实质是铁在纯氧中的________，而不是________。

2. 判断题

(1) 回火防止器是安装在气焊（割）供给燃料的系统上，防止向送气管路或燃烧气源发生回火的保险装置。 ( )

(2) 乙炔气瓶可以放空，便于下次充装。 ( )

(3) 乙炔气瓶应直立放置，防止倾倒，只有在特殊情况下才允许卧放，但瓶头一端必须垫高，并防止滚动。 ( )

二、实训与指导

实训：钢板的气割

1. 目的要求

以如图4—13所示工件图要求为例，进行工件气割训练，从而熟悉气割设备、辅助工具及其使用方法，并学习钢板直线、圆弧的气割操作技能。

2. 设备与工具

氧气瓶和乙炔瓶。G01－30型割炬，1号环形割嘴，氧气减压器、乙炔减压器。氧气胶管（红色）、乙炔胶管（绿色）；护目镜、透针、扳手、钢丝刷。

3. 实训指导

(1) 熟悉图样。划出切割线。

(2) 调节火焰。将割炬火焰调节成中性焰，切割氧的挺直度要好。

(3) 确定气割顺序。先从直线处起割，然后按线移动割炬割完。

(4) 放置割件。将割件下面用耐火砖垫空，以便排放熔渣。避免将割件直接放在水泥地上进行气割。

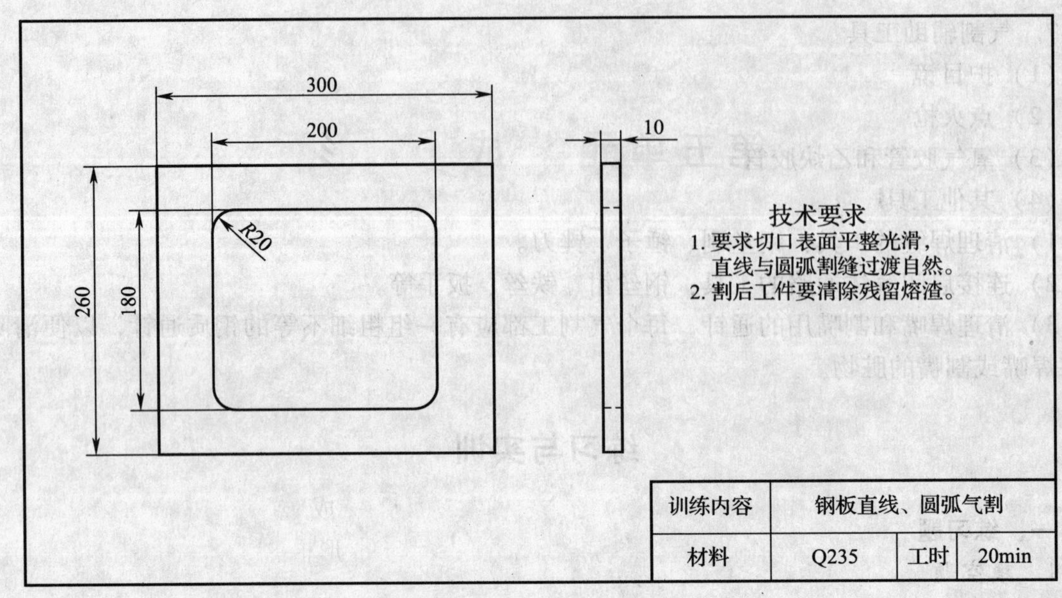

训练内容	钢板直线、圆弧气割		
材料	Q235	工时	20min

图 4—13　直线、圆弧气割工件图

（5）预热。薄钢板不需较大的火焰能率和较长的预热时间，金属达到燃点后迅速起割。

（6）正常气割。起割后，在保证钢板割透的前提下尽可能提高切割速度，减少火焰对钢板的热输入，从而减小钢板变形量和钢板正面棱角的熔化现象。

（7）停割。气割过程临近终点时，割嘴应沿气割方向略向后倾斜一个角度，以便使钢板的下部提前割透，使割缝在收尾处较整齐。停割后要仔细清除割口周边上的挂渣，以便于以后的加工。

（8）切割后检查气割质量。割缝的位置要准确，无明显挂渣、塌角等缺陷，且切割面应垂直（割纹较均匀）。

4. 注意事项

（1）气割工作时，必须按规定穿戴好劳保用品。

（2）工作前确保氧气瓶、乙炔瓶的阀门和压力表均安全可靠，不得漏气。

（3）氧气瓶应与易燃气瓶、油脂等物品分开摆放。

第五单元　成　　形

模块一　手 工 成 形

知识技能要求

1. 能够使用手工工具和胎具进行简单构件的弯曲成形。

2. 了解一般弯管的手工弯曲工艺。

用手锤或手动机械使钢板和型钢成形的加工方法称为手工成形。手工成形的工具简单，操作灵活，应用面广，是冷作钣金操作的基本功之一。手工成形根据成形材料的温度高低分为冷成形和热成形。

一、板料手工弯曲成形

根据板料弯曲时其内半径大小可分为折角弯曲和圆弧弯曲，当弯曲半径较大时，为圆弧弯曲；当弯曲半径很小或等于零时，为折角弯曲。

1. 折角弯曲

在钣金操作中经常要遇到薄板的折角弯曲。弯曲前先划出弯曲线，然后将板料放在方杠上，弯曲线两端与方杠的棱线对齐，一手压住板料，用木拍先把两端弯成一定角度，以此定位，然后再逐步将板料敲弯成形，如图 5—1a 所示。

当弯曲的板料厚而宽时，可用两根角钢或方杠夹住板料，两端用弓形夹具夹紧，再用锤子或木锤敲弯成形，如图 5—1b 所示。

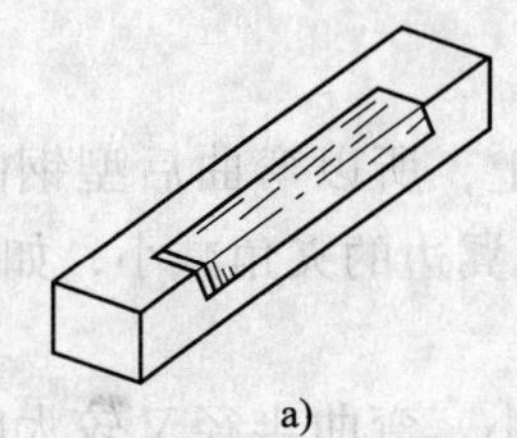

a)

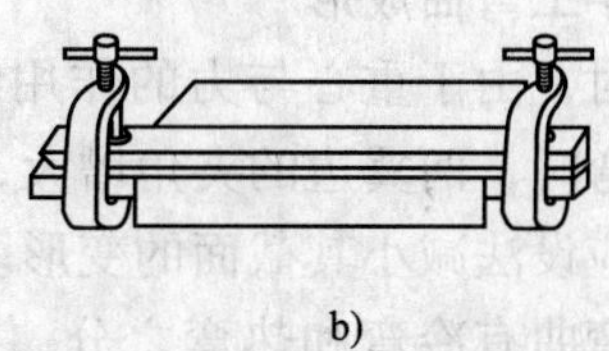

b)

图 5—1　薄板折角弯曲

a）敲击折弯　b）夹持折弯

2. 圆弧弯曲

圆面弯曲是将板料弯成圆柱面或圆锥面。弯曲前先在板料上划出弯曲线，作为弯曲时的锤击基准。弯曲时为了使锤子或木锤有运动的空间，通常先弯曲两端，后弯曲中间部分。

薄板弯曲时，将板料置于方杠之上，使弯曲线平行于方杠的棱线，用锤子或木拍敲击弯曲，每次弯曲的角度不能太大，防止板料表面出现明显的弯曲棱线，待板料弯曲后，再平行移动一定的距离继续弯曲，如图 5—2a 所示。两端都弯曲后，再弯曲中间部分。对于较薄的板料可用手直接在圆钢上压弯成形，如图 5—2b 所示，也可采用敲击方法弯曲。

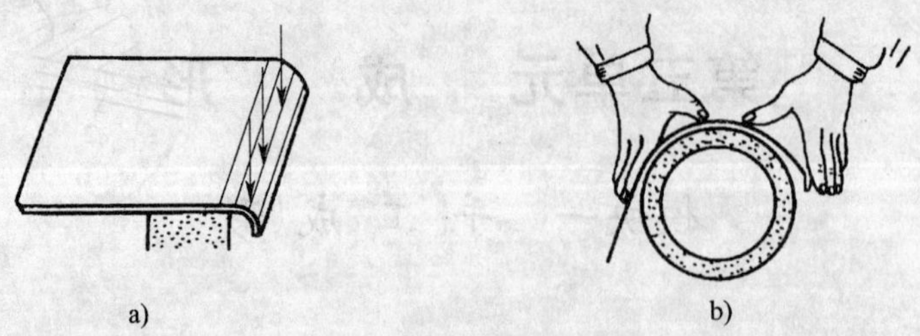

图 5—2　薄板圆弧弯曲

a）锤击弯曲　b）用手压弯曲

较厚板料弯曲时，将板料置于圆钢或钢轨上，使弯曲线平行于圆钢轴线或钢轨的边缘线，用锤子或大锤锤击，如图 5—3a 所示。弯曲时弯曲角度不能太大，待一处弯曲后，平行移动一定距离再锤击弯曲，待两端均弯曲好时，将工件翻转向上置于胎架或槽钢上，用型锤锤击弯曲，如图 5—3b 所示。圆锥面弯曲与圆柱面弯曲相同，只是大小口弯曲的半径不同，弯曲时用的胎架不同而已，如图 5—3c 所示。

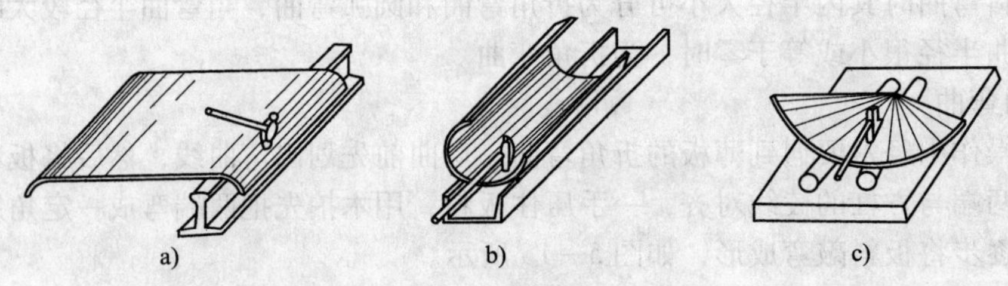

图 5—3　较厚板弯曲

a）圆柱面两端弯曲　b）圆柱面中间弯曲　c）锥面弯曲

二、型钢手工弯曲成形

型钢弯曲时，由于重心与力的作用线不在同一平面上，所以弯曲后型钢的截面产生畸变。如角钢外弯时，两翼边的夹角增大；角钢内弯时，两翼边的夹角减小，如图 5—4 所示。型钢弯曲时，应设法减小其截面的变形。

型钢手工弯曲有冷弯和热弯之分，当型钢的尺寸较小，弯曲半径又较大时，可采用冷弯；当型钢的尺寸较大，弯曲半径较小时，应采用热弯。

各种型钢的手工弯曲方法基本相同，现以角钢为例说明其弯曲方法，角钢弯曲有内弯和外弯之分；有不开切口弯曲和开切口弯曲两种。

1. 角钢不开切口弯曲

一般角钢不开切口弯曲是在弯曲模上进行，由于弯曲变形和弯曲力较大，多数采用热弯。在弯曲前先划出弯曲区域，两端适当加放一定的余量，然后将弯曲部分加热，加热温度随材料的成分而定，碳钢的加热温度不能超过 1 050℃，否则材料会因温度过高而烧坏。弯曲时，将加热后的角钢对准弯曲模，用卡子和定位桩固定，而后进行弯曲，如图 5—5 所示。在弯曲中用锤子锤击角钢的翼边，防止翼边翘起。

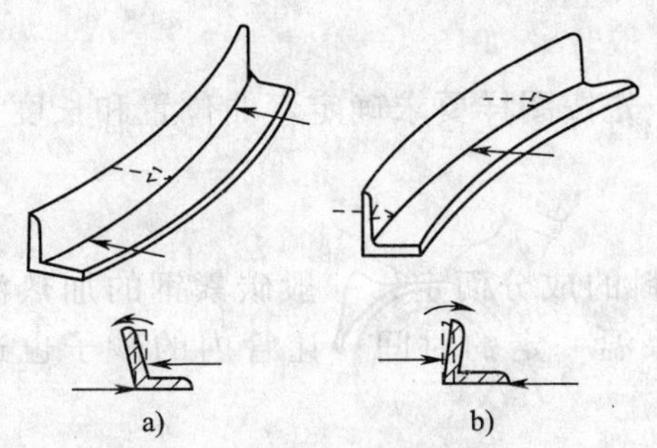

图 5—4 型钢弯曲截面变形

a）角钢外弯 b）角钢内弯

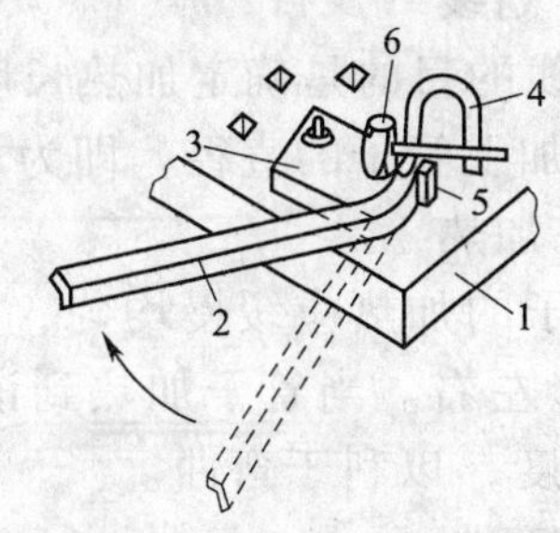

图 5—5 角钢不开切口热弯

1—带孔平台 2—角钢 3—弯曲模 4—卡子 5—定位桩 6—锤子

当角钢的尺寸较小、弯曲半径较大时，可采用冷弯，将划出弯曲区域的角钢置于胎架上，用锤子锤击内侧，使角钢弯曲，如图 5—6 所示，并将角钢不断移动，以能均匀弯曲，弯曲半径用样板检验。在弯曲中，应及时注意角钢的截面变形，当截面变形过大时，应及时予以矫正。

2. 角钢开切口弯曲

角钢开切口后，由于只有立面的翼边弯曲，所以其弯曲力较小。弯曲时先划出切口线，用锯割或气割开出切口，然后将角钢置于弯模上弯曲，如图 5—7 所示，用锤子修正。如果角钢的翼边较厚，应加热后再弯曲。

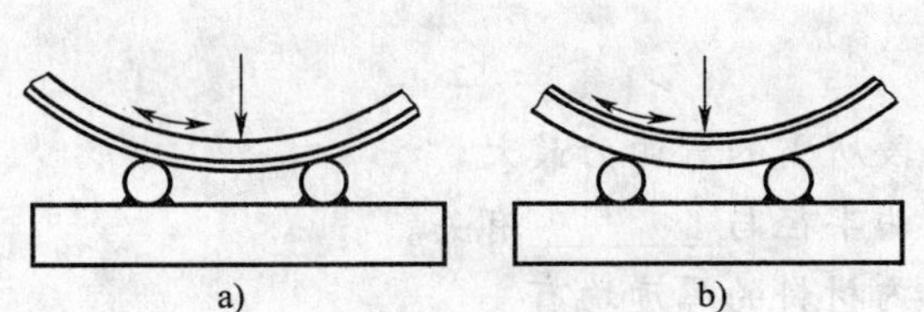

图 5—6 角钢不开切口冷弯

a）内弯 b）外弯

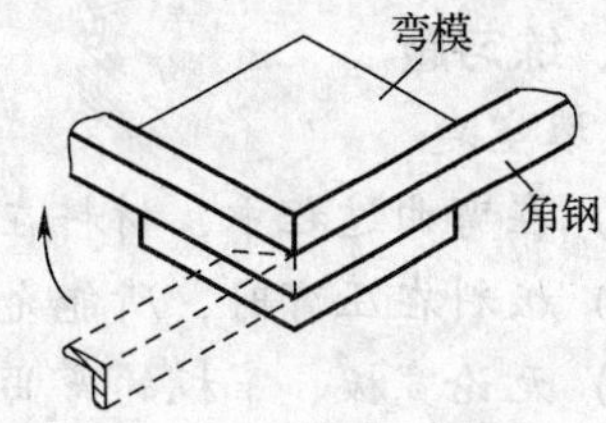

图 5—7 角钢开切口弯曲

三、管子手工弯曲成形

管子在弯曲中由于受力不同，弯曲部分变形各不相同，外侧会拉薄，内侧会增厚，其截面会发生椭圆变形。管子的弯曲变形程度取决于管子的直径、壁厚及弯曲半径等因素，因此，管子在弯曲时，应设法减少其变形。

手工弯管适用于无弯曲设备、单件、小批量生产中，手工弯管的主要工艺为灌砂、划线、加热和弯曲等。

1. 灌砂

手工弯管时，为防止截面变形，采用管内充装填料。填料有石英砂、松香、低熔点金属等，其中石英砂为常用填料。灌入管中的砂子应清洁、干燥、杂质少，颗粒直径一般小于 2 mm，但不为粉状，因而在使用前，砂子要经过水冲洗、干燥和过筛。灌砂前，一端用木塞塞住，木塞上开有通气孔，以排出管子加热时管内膨胀的气体，灌装后将管子的另一端也用木塞塞住。灌砂过程中，应一边灌砂一边用锤子轻击管壁，产生振动，使砂子填实。

2．划线

划线的目的是确定加热长度和弯曲位置，先按图样要求确定弯曲位置和长度，在此基础上加上管子的直径，即为加热长度。

3．加热

管子的加热应缓慢均匀，加热温度随材料的成分而定，一般碳素钢的加热温度在1 050℃左右。当管子加热到该温度后，应保温一定的时间，让管内的砂子也达到同样的温度，以利于弯曲。

4．弯曲

弯管模具有与管子外径相适应的半圆形凹槽，模具固定于平台上，加热后管子1取出对准弯管模2，一端用压板压住，然后扳动杠杆4，通过滚轮3将管子弯曲成形，如图5—8所示。

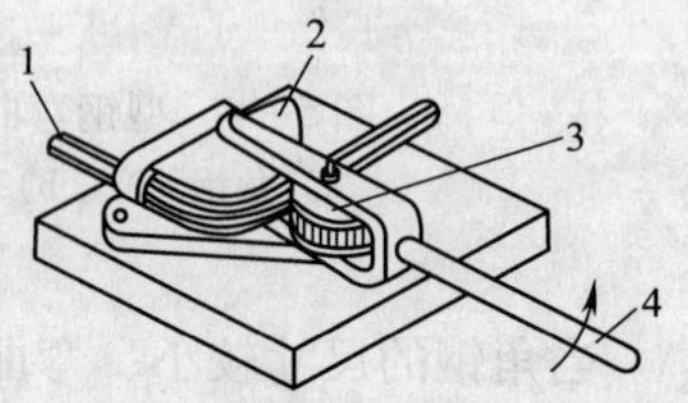

图5—8　管子手工弯曲

1—管子　2—弯管模

3—滚轮　4—杠杆

若管子弯曲后的半径略大于所要求的半径，可采取在热态管子的弯曲内侧用水冷却，增加管子内侧收缩，以减小弯曲半径；反之，在外侧用水冷却，可增大弯曲半径。

练习与实训

一、练习题

1．填空题

（1）在弯曲过程中，材料在________阶段所需的弯曲力最大。

（2）板料在压弯时，所能允许的最小弯曲半径与________有关。

（3）无论宽板、窄板的弯曲，在变形区内材料的厚度均有________。

（4）无论采取何种弯形方法，其弯形力都必须能使弯形材料的________超过其________。

（5）钢材弯形结束后，发生了________变形。

2．判断题

（1）材料的塑性越好，其最小弯曲半径越小。（　）

（2）板材的轧制方向对弯曲没有什么影响。（　）

（3）不管是冷弯还是热弯，同一种材料的最小弯曲半径都是一成不变的。（　）

（4）在压弯过程中，自由弯曲阶段所用的弯曲力最大。（　）

（5）中性层的外侧受拉伸长。（　）

二、实训与指导

实训：板料折角弯形

1．目的要求

以如图5—9所示的板料折角弯形件技术要求为例，进行板料折角弯形训练，学会采取相应的工艺措施对板料进行折角弯形。

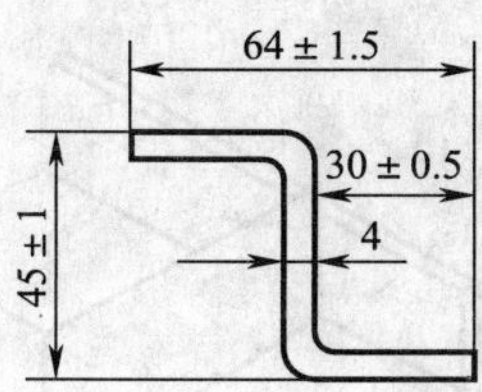

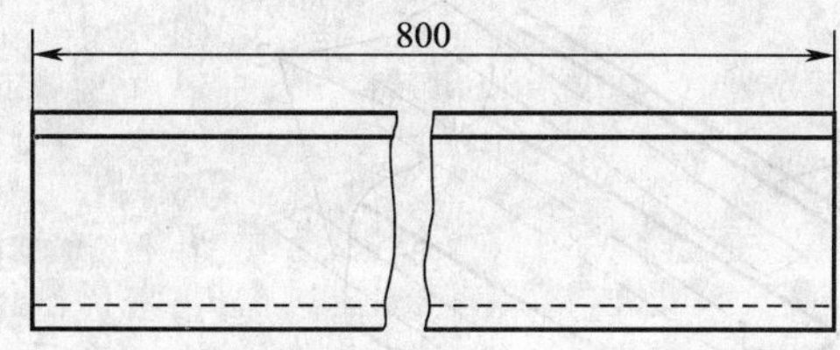

技术要求

1. 各面平面度公差应小于1 mm；
2. 两直角垂直度公差应小于0.5 mm；
3. 表示不得有划伤。

图 5—9　板料折角弯形件

2. 设备与工具

平台、压铁、规铁（压铁、规铁均可用厚钢板制作，棱角与弯形件角度相同），以及大锤、平锤、手锤等。

3. 实训指导

（1）将板料放在平台规铁上，上面放置压铁，用羊角卡夹紧，如图 5—10 所示。注意使板料的弯曲线和规铁、压铁的棱边重合。

（2）锤击板料两端，使之弯成一定角度，以便定位，如图 5—11 所示。这样，板料在以后连续锤击中将不会错位。

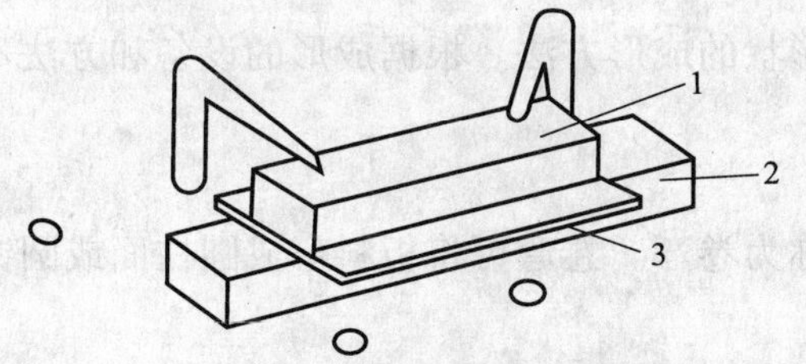

图 5—10　折角弯形时夹紧

1—压铁　2—规铁　3—板料

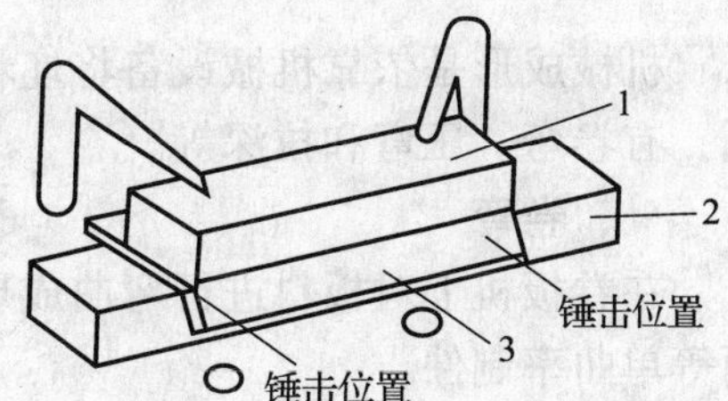

图 5—11　弯两端定位

1—压铁　2—规铁　3—板料

（3）从一端开始，一点挨着一点地向另一端移动锤击。锤击力不可过大，要求的弯曲角度要分多次锤击而成，以免板料局部拉伤或产生过度伸长变形。锤击过程中，要注意随时敲紧羊角卡，以免工件松动。图 5—12 所示为锤击位置及方式。

（4）角度基本弯成后，应垫上平锤再敲击一遍，使工件更加平直。

（5）第一折角弯成后，翻转工件，再按上述方法弯第二折角。

（6）工件加工完成后，要按技术要求检查弯形质量。

1）用钢直尺立放在工件表面上，检查工件各平面的平面度（见图 5—13）。

2）用样板检查工件角度（见图 5—14）。

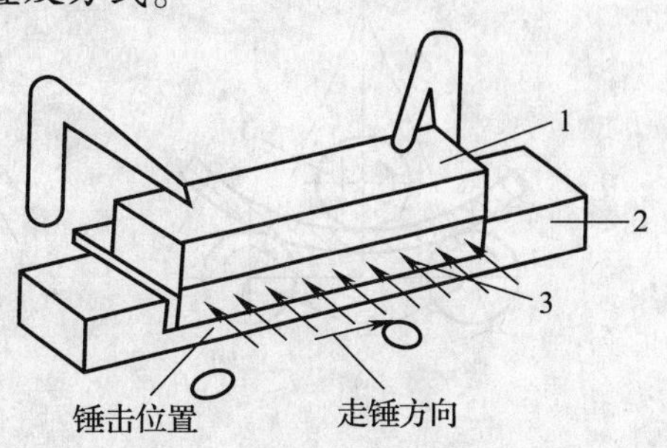

图 5—12　连续锤击弯形

1—压铁　2—规铁　3—板料

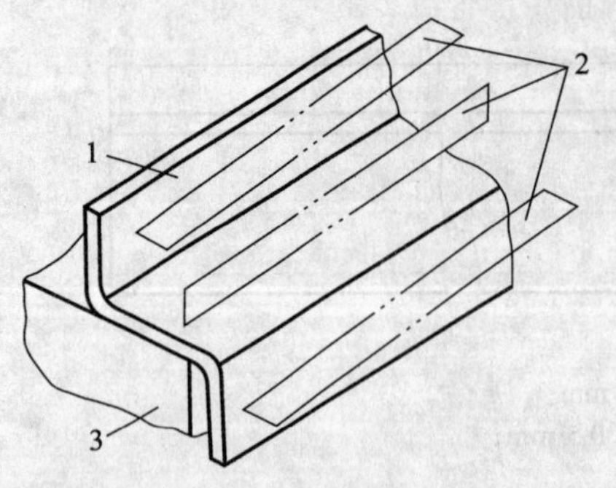

图 5—13　检查工件平面度

1—工件　2—钢直尺　3—平台

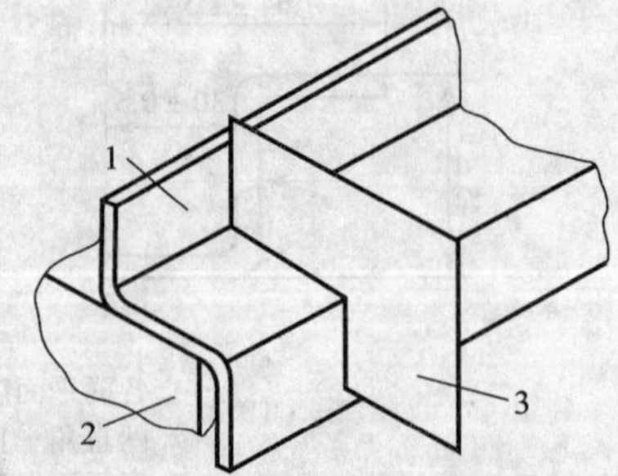

图 5—14　检查工件角度

1—工件　2—平台　3—角度样板

模块二　机 械 成 形

知识技能要求

1. 了解卷板机、折弯机等设备的性能。
2. 能正确使用卷板机、折弯机等设备。

机械成形是依靠机械设备将坯料加工成各种形状的成形方法。根据成形的设备和方法不同，有卷弯、压弯和拉深等。

一、卷弯

在卷板机上对板料进行弯曲成形的加工方法称为卷弯。卷弯可将板料弯成圆柱面或圆锥面等单曲率制件。

1. 卷板机分类和常用卷板机

（1）卷板机分类。卷板机根据辊筒数目可分为三辊卷板机和四辊卷板机两种，其中三辊卷板机按辊筒布置形式分为对称式和不对称式两种。如图 5—15 所示为三辊和四辊卷板机辊筒分布及工作原理示意图。

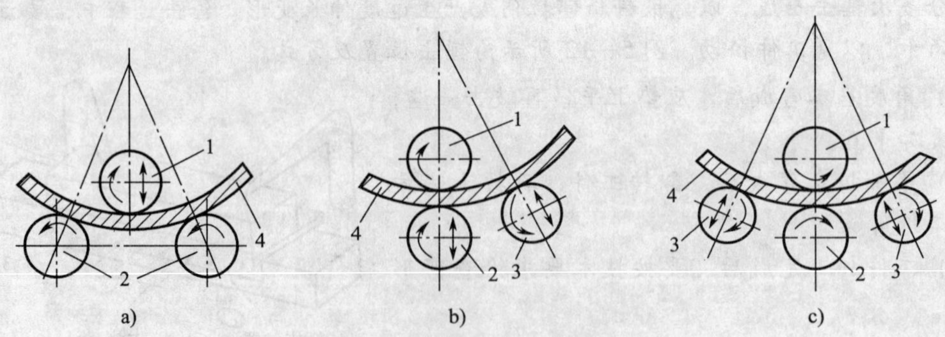

图 5—15　卷板机工作原理示意图

a）对称式三辊卷板机　b）不对称式三辊卷板机　c）四辊卷板机

1—上辊　2—下辊　3—侧辊　4—板料

1）如图 5—15a 所示为对称式三辊卷板机，在两个下辊 2 的中间对称位置上有一个上辊 1，上辊是被动的，能在垂直方向做上下调节，对板料 4 施加压力，以得到不同的弯曲程度。下辊呈水平分布，安装在固定的轴承内，由电动机通过齿轮减速器做同方向、同速转动。工作时板料置于上、下辊之间，上辊下压，下辊旋转，在压力和摩擦力作用下，板料发生连续三点的均匀弯曲，从而完成滚弯成形。板料的弯曲半径由上辊的下压量来决定，下压量越大，弯曲半径越小；反之，弯曲半径越大。

由卷弯工作原理可知，板料只有与辊轴形成三点接触时才能得到弯曲，因而板料卷弯到两端时，各有一段长度得不到弯曲，这段长度称为剩余直边。剩余直边的长度约为两下辊距离的一半。

对称三辊卷板机结构简单、紧凑，易于维修，投资小，成形较准确，因而应用广泛。但对称卷板机卷弯时，其两端均有剩余直边部分，需要预先弯曲或采用其他方法将其弯曲。

2）如图 5—15b 所示为不对称三辊卷板机，上辊 1 位于下辊 2 的上面，另一辊轴在侧面，称为侧辊。上、下两辊由同一电动机带动旋转，下辊能做上下调节，调节的最大距离约等于能卷弯钢板的最大厚度。侧辊 3 是被动的，能沿倾斜方向调节。弯曲时将板料 4 送入上、下辊之间，调节下辊压紧板料，产生一定的摩擦力，再调节侧辊加压，当上、下辊旋转时，板料即发生弯曲。

不对称式三辊卷板机滚弯时，板料一端的剩余直边较小，其值小于板厚的 2 倍；但另一端在侧辊与下辊之间的板料得不到弯曲，需要将板料从卷板机上取出后掉头弯曲，才能完成整个弯曲。

不对称三辊卷板机结构较简单，剩余直边较小，但辊轴受力较大，相对卷弯能力较小。虽然不需要预弯就能完成整个卷弯，但需要掉头弯曲，操作不方便，所以一般用于不太厚板料的弯曲。

3）如图 5—15c 所示为四辊卷板机，它与不对称三辊卷板机基本相似，只是在另一侧增加了一个侧辊 3，板料弯曲分别由两侧辊 3 担任，因而两端的剩余直边很小，不需要预弯和掉头滚弯，可直接完成整个滚弯过程。

四辊卷板机辊轴多，结构复杂，体积大；但工艺通用性广，可以矫正扭斜、错边等，还可以即位装配点焊，滚弯时对中方便。但是，上、下辊夹持力较大，易将氧化皮压入工件表面造成压伤；两侧辊相距较远，对称滚圆的曲率不太精确，因而操作要求较高。四辊卷板机一般用于重型工件的滚弯。

（2）常用卷板机。如图 5—16 所示为常用的对称式三辊卷板机，采用机械调节，能滚弯最大板厚为 20 mm，最大板宽为 3 000 mm，属于中、小型卷板机，该机主要由上辊、下辊、机架和传动机构等组成。

卷板机的上、下辊均用 50 Mn 钢锻制而成，具有较高的强度和硬度。上辊 3 一端安装于固定轴承 5 中，伸出的圆锥杆与压紧丝杆组成卸料装置 6，卸料时该装置施加反力矩，使上辊 3 不能下落压住工件。上辊的另一端用可翻倒的活动轴承 2 支撑，当工件滚弯成形后，拔出插销 1，翻倒活动轴承 2，即可取出工件。上辊 3 是被动的，能做上下调节；下辊 4 是主动的，由电动机 8 通过减速箱 7 中的齿轮带动，通过控制系统能控制两下辊做相同的正向或反向旋转。

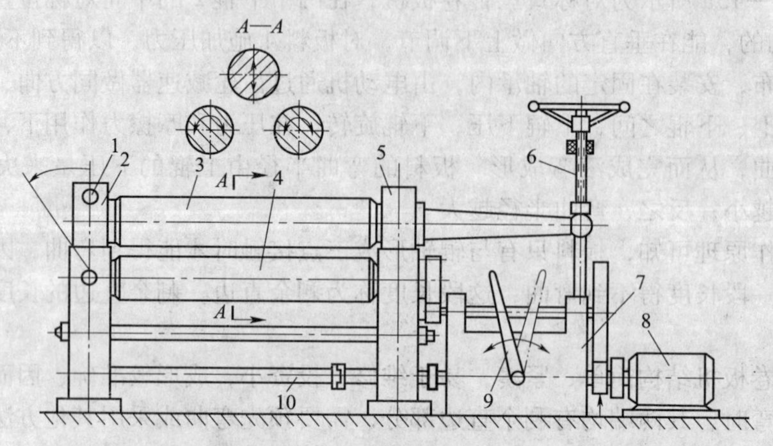

图 5—16　对称三辊卷板机

1—插销　2—活动轴承　3—上辊　4—下辊　5—固定轴承
6—卸料装置　7—减速箱　8—电动机　9—操作手柄　10—上辊压紧传动杆

2. 卷弯工艺

钢板卷弯由预弯（压头）、对中和卷弯三个步骤组成。

（1）预弯。由对称式卷板机工作原理可知，板料滚弯时，两端总有剩余直边，不同类型的卷板机，剩余直边的长度是不同的，理论上对称三辊卷板机剩余直边长度为两下辊中心距的一半，实际的剩余直边长度要比理论值大，由于剩余直边部分在卷弯时得不到弯曲，所以要进行预弯，预弯的长度要大于理论剩余直边的长度。常用预弯方法如图 5—17 所示。

1）手工预弯。如图 5—17a 所示为手工预弯，将板料置于铁轨或圆钢上，用锤击方法弯曲剩余直边部分，此种方法适用于厚度较小板料的预弯。

2）压力机预弯。如图 5—17b 所示为在压力机上用模具一次压弯，或利用通用压弯模多次压弯成形，压制时应注意下压量不能太大，让板料处于自由弯曲状态，防止弯曲过度出现压痕，影响成形质量。

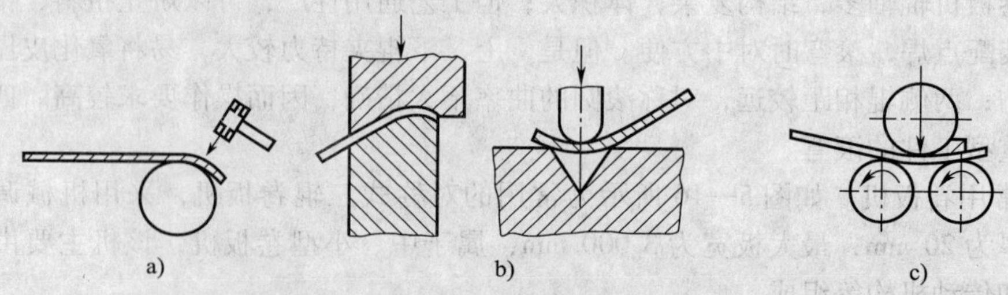

图 5—17　常用预弯方法

a）手工预弯　b）压力机预弯　c）用楔子块预弯

3）在三辊卷板机上用楔形块预弯。此方法是直接将板料边缘置于下辊筒近中心处，放入楔形垫块，压下上辊即可进行预弯，如图 5—17c 所示。其弯曲半径是通过移动楔形垫块的位置和调节上辊的下压量来实现的，因而操作比较烦琐。

在预弯中应经常用弯曲样板检查弯曲曲率，使预弯半径达到预定的弯曲半径。如果预弯不足，会造成外棱角缺陷如图 5—18a 所示；如果预弯过大，则引起内棱角缺陷如图 5—18b 所示。

（2）对中。对中的目的是使工件的弯曲线与辊轴线平行，保证卷弯后的工件形状准确，否则卷弯后工件将出现扭斜，如图 5—19 所示。

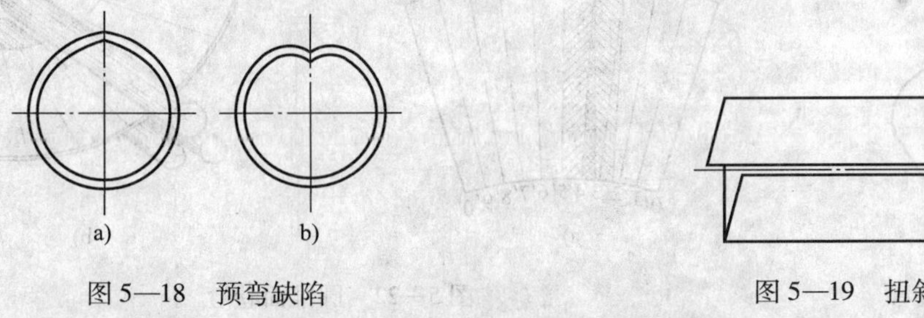

图 5—18　预弯缺陷

a）外棱角　b）内棱角

图 5—19　扭斜

对中的方法一般采用目测法，即用眼睛来观察上辊或下辊的外形线是否平行于板料的边缘来对中，也可利用卷板机上的挡板或下辊筒上的对中槽来对中，如图 5—20a、b 所示。此外，还可以采用倾斜进料，用另一下辊定位来对中，如图 5—20c 所示。

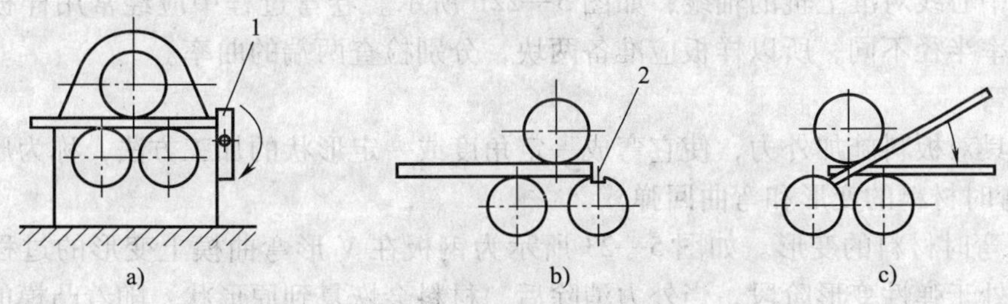

图 5—20　对中

a）　挡板对中　b）对中槽对中　c）斜进料对中

1—挡板　2—对中槽

（3）卷弯。板料对中后，调节上辊下压即可进行卷弯，通常采用多次进给法，逐步加压卷弯，直至成形。

1）圆柱面卷弯。先调节上辊位置，使板料发生初步的弯曲，然后来回滚动，当板料移至边缘时，应根据板边和辊的相对位置，检验板料位置是否正确，然后再逐步调节上辊下压，并来回卷弯，使板料的曲率半径逐步减小，直至达到规定的要求。一般每次上辊的下压量为 5 ~ 10 mm，不同材料的板厚、板宽，不同的弯曲半径，上辊的每次下压量略有差异。若板料较薄，板宽不大，材料变形抗力较小，每次下压量应小些；反之可大些。上辊的下压量不能太大，否则坯料的变形程度很大，坯料与下辊摩擦力将小于变形抗力，而无法带动板料来回滚动，实现卷弯。在卷弯过程中应经常用样板检验卷弯的曲率半径，由于钢板的回弹，卷弯必须适当弯曲过量，这样卸载后，其弯曲半径正好符合规定的弯曲半径。但过弯量不能太大，否则弯曲半径太小会产生过弯缺陷，如图 5—21 所示。

2）圆锥面卷弯。卷弯圆锥面时，只要调节上辊，使它与下辊中心线呈倾斜位置，其斜度等于圆锥面的斜度，其卷弯过程与圆柱面相似，先预弯后卷弯。一般采用分区卷弯法，如图 5—22 所示。

圆锥面的毛坯展开后为扇形，由于锥形小直径一端的展开长度比大直径短，因而要求小直径一端的卷弯速度慢，大直径一端的卷弯速度快，但卷板机的辊轴是以同一速度旋转的，

图 5—21　过弯

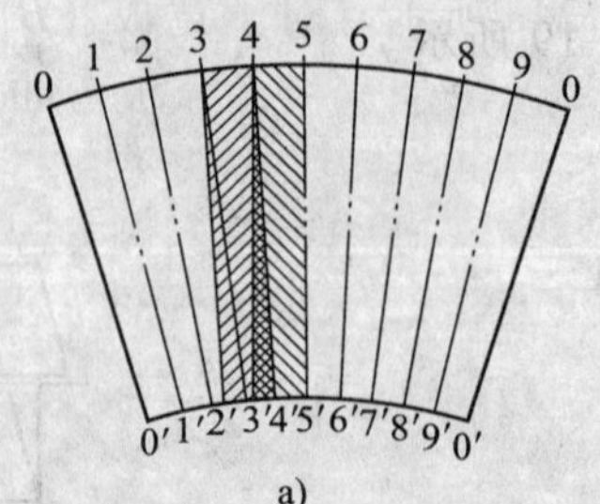

a)

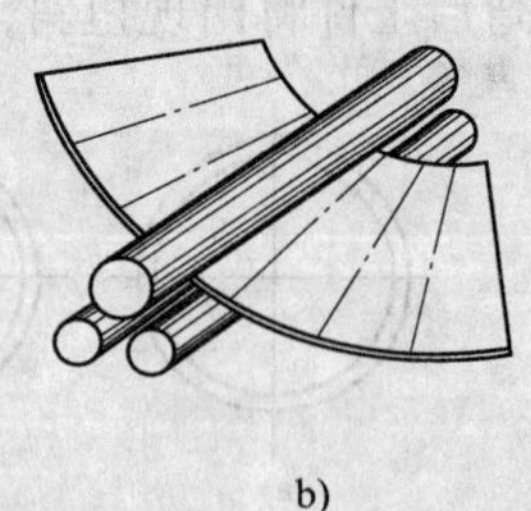

b)

图 5—22　圆锥面卷弯

a）划分卷弯区域　b）分区域卷弯

由于其直径相同，所以两端滚过周长基本相同。为了能弯成锥形面，将扇形坯料分成若干相同的卷弯区域，如图 5—22a 所示，使各部分大小端的弧线长度差减小。卷弯时先预弯两边，并从两边的区域开始卷弯，然后逐步卷弯到中部，每次卷弯一小区域后，必须转动板料，使卷弯部分的中心线对准上辊的轴线，如图 5—22b 所示。卷弯过程中应经常用样板检查，由于两端的曲率半径不同，所以样板应准备两块，分别检查两端的曲率。

二、压弯

利用模具对板料施加外力，使它弯成一定角度或一定形状的加工方法，称为压弯。

1. 压弯时材料的变形和弯曲回弹

（1）压弯时材料的变形。如图 5—23 所示为钢板在 V 形弯曲模上变形的过程。开始压弯时，材料处于弹性变形阶段，当外力消除后，材料会恢复到原形状，随着凸模的下压，材料开始塑性变形，处于自由弯曲阶段，如图 5—23a 所示。此时材料的弯曲半径较大，与凸模半径无关，当凸模继续下压时，弯曲半径 R_0 逐步减小，材料与凹模表面逐步靠近，如图 5—23b 所示。弯曲区不断减小，直到与凸模三点接触，如图 5—23c 所示。凸模再继续下压时，材料的直边部分开始向相反的方向弯曲，贴紧模具，如图 5—23d 所示。此时弯曲半径等于凸模的半径，达到预定的要求。

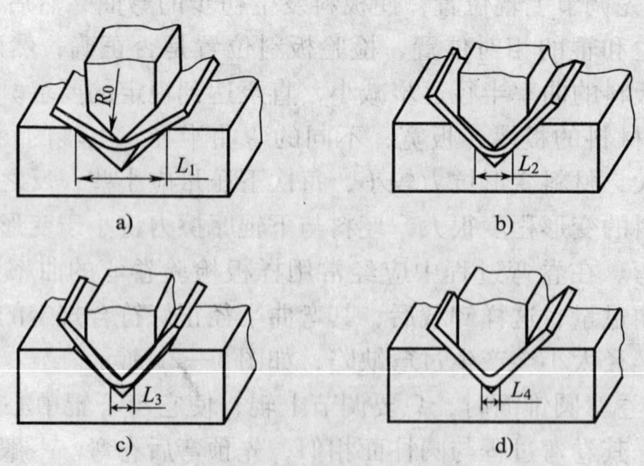

图 5—23　压弯变形过程

a）自由弯曲阶段　b）接触弯曲阶段　c）三点接触弯曲阶段　d）校正弯曲阶段

此外，材料的压弯部分截面也会发生变化，当板料宽度 B 小于板厚 t 的 2 倍（$B<2t$）时，弯曲后其横断面呈扇形，如图 5—24a 所示。对于宽板（$B>2t$），因宽度较大，弯曲后在横向无明显的变形，但在厚度方向，无论是宽板、窄板弯曲后其弯曲变形区域厚度均减薄，如图 5—24b 所示。

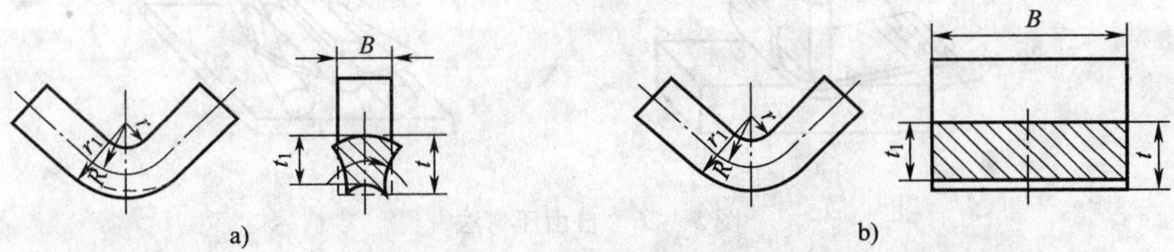

图 5—24　压弯断面和厚度变化

a）断面扇形变化　b）厚度减薄

（2）弯曲回弹。弯曲成形时，材料由弹性变形过渡到塑性变形，由于材料在塑性变形的同时还存在着弹性变形。当弯曲力去除后，其弯曲角度和弯曲半径与模具的形状和尺寸不相一致，这种现象称为回弹，如图 5—25 所示。制件在弯曲终了时的角度为模具的弯曲角 α，而实际回弹后弯曲角为 α_0（$\alpha_0>\alpha$），弯曲半径由 r 变为 r_0。弯曲回弹会影响制件的弯曲质量，使制件达不到预定的形状和尺寸精度。影响回弹的因素有材料的力学性能、相对弯曲半径（R/t）、弯曲角 α 等。

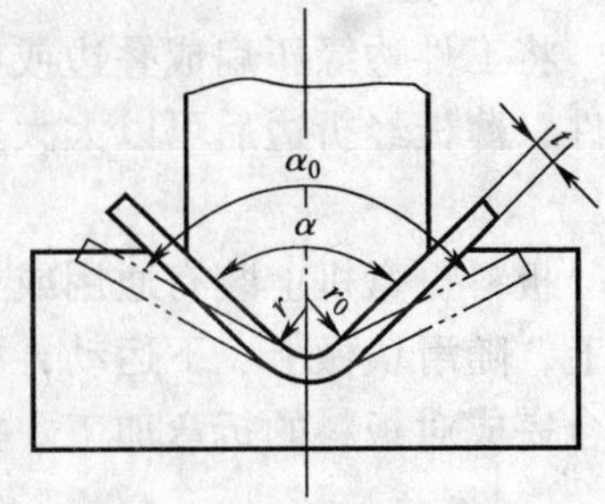

图 5—25　弯曲件的回弹

在弯曲工艺中，通常采用加压矫正法减小回弹，即在弯曲近终了时加压，以增加圆角处的塑性变形，使拉压两区域纤维的回弹趋势相互抵消，从而减小回弹量。加压矫正法简单实用，是应用最广的方法之一，但所加的压力较大，因此，要求设备的功率较大。

2．压弯工艺

压弯按坯料温度高低有冷压和热压两种。冷压是在常温下压制的，适用于厚度较薄的材料成形，冷压操作方便，表面质量好，但压弯力较大，有一定的回弹。热弯是将材料加热到高温后压制，适用于较厚材料的成形，热压时，压弯力和回弹均较小，但表面质量较差，每次压制后要对模具进行冷却和去除氧化皮等杂物，所以操作的劳动强度较大。压弯时，应根据压弯件的不同温度、不同形状和不同的模具，采用相应的压弯工艺。常用的压弯工艺有自由压弯法和专用模具压弯法。

（1）自由压弯法。自由压弯法是用通用压弯模对材料进行自由弯曲成形的方法，如图 5—26 所示，分别为圆柱面、圆锥面的压弯成形。压弯前先在弯曲部分内侧划出一系列压弯线，以便能正确成形。压弯时，应严格按线压制，严格控制压弯变形量，防止局部压弯过度。压弯顺序一般为先压两边后压中间，否则已压弯的部分会妨碍上模的压弯运动。

（2）专用模具压弯法。专用模具压弯法是用专用模具（针对产品而设计的模具）对材料进行压弯的方法，如图 5—27 所示。压弯时，将压弯坯料送入模具中，依靠模具上的定位装置正确定位，然后压弯成形。若是用油压机等液压设备压弯，应先压下上模（略加压），以观察板料定位是否正确（若有偏移应进行调整），然后逐步加压弯曲，最后加压校正弯曲整形，以达到技术要求所规定的形状和尺寸。

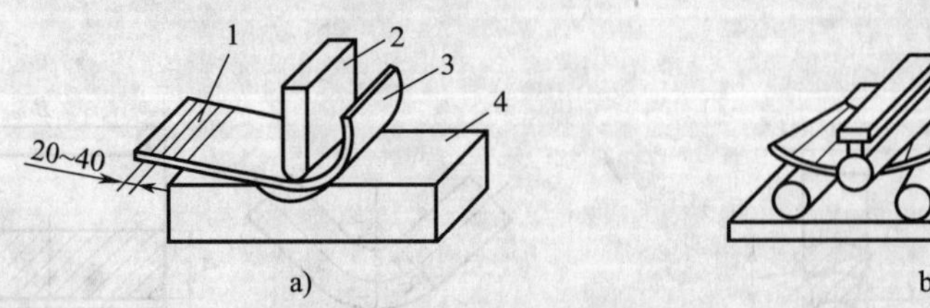

图 5—26　自由压弯法

a）圆柱面压弯　b）圆锥面压弯

1—压弯线　2—上模　3—板料　4—下模

3．折边

将工件边缘压扁成叠边或压弯成一定几何形状的加工方法称为折边。折边广泛用于薄板构件，薄板经折边后可以大大提高结构的强度和刚度。折边一般在板料折弯机或折板机上进行。

板料折弯机上装有通用或专用模具，下模具固定在折弯机工作台上，上模具则安装在滑块上，随滑块做上、下运动，板料置于上、下模间，利用上模向下运动时产生压力，与下模配合完成对板料的折弯加工。折边通用模如图 5—28 所示。

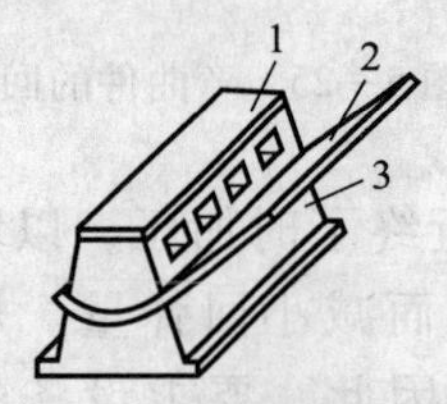

图 5—27　专用模具压弯法

1—上模　2—板料　3—下模

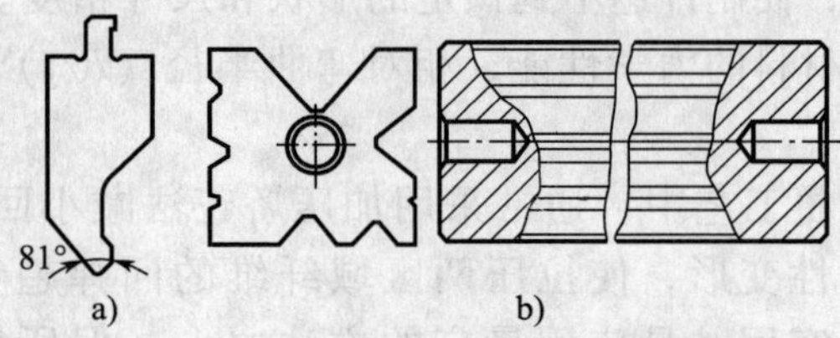

图 5—28　折边通用模

a）凸模　b）通用凹模

折边时，应按不同的折弯角、弯曲半径和形状选取不同的折弯模具，若采用通用模，要选用合适的 V 形槽和上模。

当折弯单件或小批量工件时，可先在板料上划出折弯线，上机后将上模对准折弯线，加压折弯。若折弯的工件较多，应采用挡板进行定位折弯，以提高折弯的质量和效率。

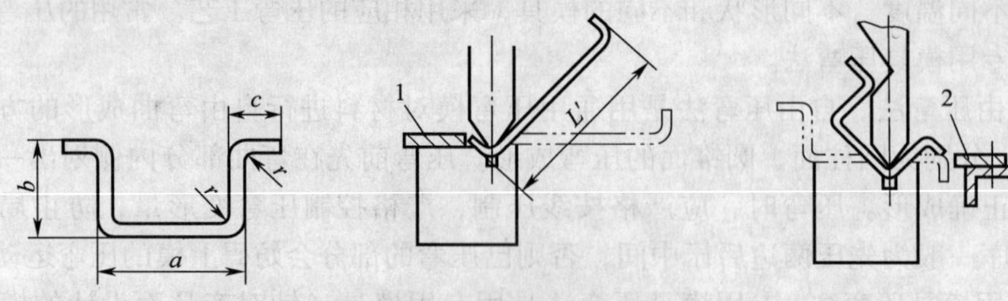

图 5—29　U 形工件折弯工艺

1—后挡板　2—前挡板

如图 5—29 所示为 U 形工件的折弯工艺，该工件折弯角和折弯半径均相同，且左右对称，因而模具参数一次选定，只需调整挡板的位置。其折弯的顺序为由外向内进行，折弯时，先调整挡板达到板边第一折弯处尺寸位置，折弯板料边缘两端，然后再调整挡板，折弯中间两个弯角。

练 习 题

1．填空题

（1）采用________滚板机滚制筒形工件时，必须先对钢板的两端进行预弯。

（2）在三轴滚板机上滚制筒形工件时，出现鼓形缺陷是由于轴辊的________不足所致。

（3）在滚板机上滚制筒形工件时，特别是薄板圆筒，略微滚深一些比滚浅一些对修形________。

（4）在滚制锥面时，对锥面圆度进行检测时，应对________检测。

（5）滚弯时，板料弯曲变形方式相当于压弯时的________弯曲。

2．判断题

（1）在滚制筒形和弧形工件时，适当滚深一些比滚浅好修形。（ ）

（2）在三轴滚板机上只能滚制筒形工件，不能滚制圆锥面。（ ）

（3）滚弯可使受压位置连续不断地发生变化，所以比压弯的成形质量好。（ ）

（4）滚弯只能对板料进行弯形。（ ）

（5）对称式三辊滚板机滚弯圆柱面时，工件两端不会出现直边段。（ ）

第六单元 装 配

模块一 装配的基础知识

知识技能要求

1. 掌握装配的基本条件及定位原理。

2. 装配过程中夹具的选择。

在金属结构制造过程中，将组成结构的各个零件按照一定的位置、尺寸关系和精度要求组合起来的工序，称为装配。装配是产品制造过程中的最后一道工序，是一项非常重要而细致的工作，对产品的质量起着决定性的作用。

一、装配的基本条件和工件定位

1. 装配的基本条件

装配必须具备定位、夹紧和测量三个基本条件。

（1）定位。定位就是确定零件正确位置的过程，如图6—1所示为在平台上工字梁的定位，工字梁翼板4的位置由腹板3和挡板5来定位，挡板固定在平台6上，腹板则靠垫块2来保证与平台平行。

（2）夹紧。夹紧即将定位后的零件固定，使其在加工过程中保持位置不变，夹紧通常依靠螺旋夹具、气压或液压等夹具来实现。图6—1中所示的翼板与腹板定位后的夹紧是由调节螺杆来完成的。

（3）测量。测量是指在装配过程中，对零件间的相对位置和各部分尺寸进行一系列的技术检测，从而衡量定位的准确性和夹紧的效果，以指导装配工作。

上述三个基本条件是相辅相成的，缺一不可。若没有定位，夹紧就无从谈起；若没有夹紧，就不能保证定位的准确性和可靠性；若没有测量，就无法进行正确的定位，也无法判断装配的质量。因此，研究装配技术，总是围绕这三个基本条件进行的。

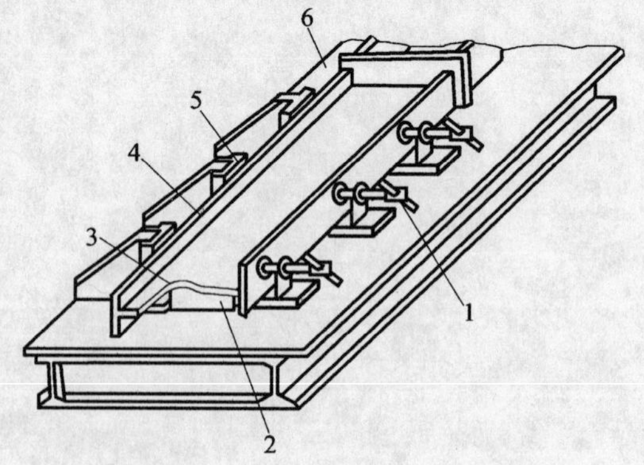

图6—1 平台上工字梁的定位

1—调节螺杆 2—垫块 3—腹板 4—翼板 5—挡板 6—平台

2. 工件定位

金属结构件在装配时的主要定位方法有划线定位、样板定位和定位元件定位。

（1）划线定位。划线定位是利用在零件表面、装配平台、胎架上划出工件的中心线、接合线、轮廓线等作为定位线，来确定零件间的相互位置。

如图6—2所示为利用划在零件表面上的定

位线进行定位的两个例子。如图 6—2a 所示是以划在工件底板上的中心线和接合线作为定位线，来确定槽钢、立板和三角形加强板的位置；如图 6—2b 所示是利用大圆筒盖板上的中心线和小圆筒上的等分线（也常称其为中心线）来确定两者的相对位置。

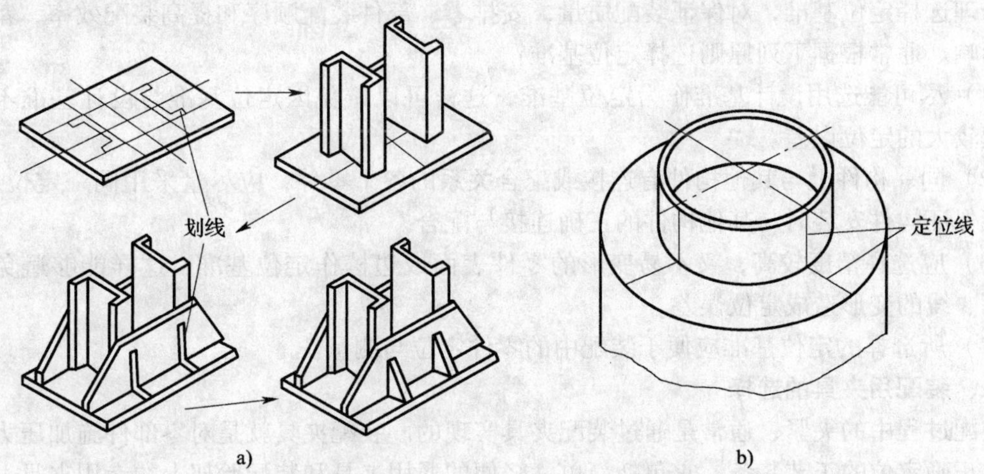

图 6—2　划线定位的示意图

a）划线确定槽钢、立板和三角形加强板的位置　b）划线确定圆筒工件的位置

（2）样板定位。样板定位是指根据工件形状制作相应的样板，作为空间定位线，来确定零件间的相对位置。装配时对零件的各种角度位置通常采用样板定位。装配如图 6—3 所示的斜 T 形结构时，可根据斜 T 形结构立板的倾斜度预先制作样板，装配时，在立板和平板接合位置确定后，即以样板来确定立板的倾斜度，使其得到完全定位，样板定位的示意图如图 6—3 所示。

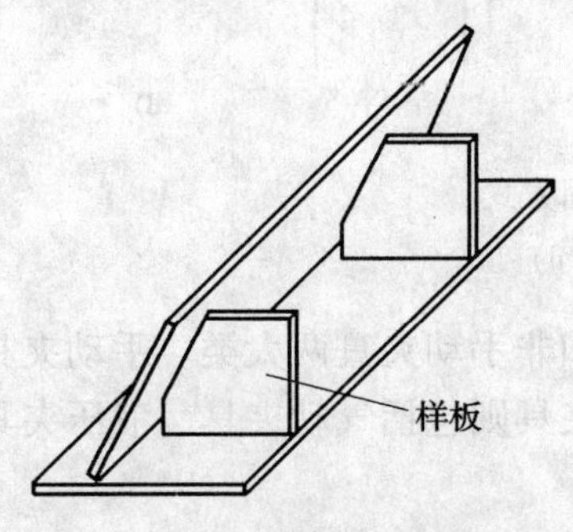

图 6—3　样板定位的示意图

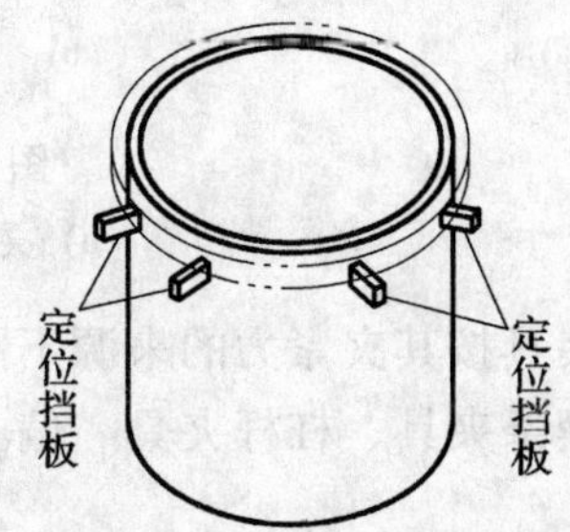

图 6—4　挡板定位的示意图

（3）定位元件定位。定位元件定位是用一些特定的定位元件（如板块、角钢、圆钢、曲边模板等）构成空间定位点或定位线，来确定零件的位置。根据不同元件的定位需要，这些定位元件可以固定在工件或装配台上，也可以是活动的。

如图 6—4 所示为在装配大圆筒外部钢带圈时，在大圆筒外表面焊上若干定位挡板，以这些挡板为定位元件，确定加强带圈在大圆筒上的高度位置。

二、定位基准及其选择

1. 定位基准

在结构装配过程中，必须根据一些指定的点、线、面来确定零件或部件在结构中的位置，这些作为依据的点、线、面称为定位基准。

2. 定位基准的选择

合理选择定位基准，对保证装配质量，安排零、部件装配顺序和提高装配效率，都有重要的影响。通常根据下列原则选择定位基准：

（1）尽可能选用设计基准作为定位基准，这样可以避免因定位基准与设计基准不重合而引起较大的定位误差。

（2）同一构件上与其他构件有连接或配合关系的各个零件，应尽量采用同一定位基准，这样能保证构件安装时与其他构件的正确连接与配合。

（3）应选择精度较高，又不易变形的零件表面或边棱作定位基准，这样能够避免由于基准面、线的变形造成定位误差。

（4）所选择的定位基准应便于装配中的零件定位与测量。

三、装配用夹具的选择

装配过程中的夹紧，通常是通过装配夹具实现的。装配夹具就是对零部件施加压力，使其获得正确定位的工艺装备。它包括简单、轻便的通用夹具和装配胎架上的专用夹具。应根据被装配零部件的构造选择合适的装配夹具。

装配夹具对零部件的紧固方式有夹紧、压紧、拉紧、顶紧（或撑开）4 种，如图 6—5 所示。

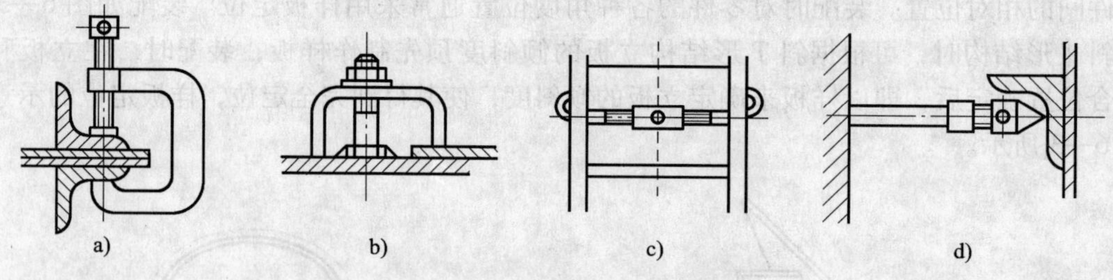

图 6—5 装配夹具的紧固方式

a）夹紧 b）压紧 c）拉紧 d）顶紧

装配夹具按其夹紧力的来源不同可分为手动夹具和非手动夹具两大类。手动夹具包括螺旋夹具、楔条夹具、杠杆夹具、偏心夹具等；非手动夹具则包括气动夹具、液压夹具、磁力夹具等。

练 习 题

1. 填空题

（1）确定零、部件在正确位置上的过程，称为________。

（2）将工件固定，使其在装配过程中保持位置不变的操作，称为________。

（3）要想完全限制一个六面体在三维空间的运动，必须在与坐标平面平行的物体表面选择至少________个定位点。

（4）装配夹具对零、部件有夹紧、________、拉紧、________4 种紧固方式。

（5）按夹紧力的来源，金属结构装配工作中常用的夹具可分为________和非手动夹具两大类。

2. 判断题

（1）定位的目的就是对进行装配的零件在所需位置上不让其自由运动。（　）

（2）六点定位规则适用于任何形状零件的定位。（　）

（3）当金属结构件的外形有平面也有曲面时，应以曲面作为装配基准面。（　）

（4）装配用量具必须经常进行检测，保证其精度符合要求。（　）

（5）杠杆夹具制作简单，使用方便，通用性强，故常被应用。（　）

模块二　装配方法

知识技能要求

能根据产品图样和工艺规程选择合理的装配方法。

为了提高装配的效率和装配质量，根据产品图样和工艺规程，了解产品的用途、特性、结构特点、数量和装配技术要求，并以此确定相应的装配方法。

一、装配方法的选择

一个工件采用何种方法进行装配，一般可以从以下几个方面考虑：

1. 有利于达到装配要求，保证产品的质量。

2. 应使工件在装配中较容易地获得稳定的支撑。例如，顶部大、底部小的工件一般采用倒装，细高的工件一般采用卧装。

3. 应有利于工件上各零件的定位、夹紧和测量，以保证装配质量。

4. 应有利于装配中及装配后的焊接和其他连接。

5. 应与装配场地的大小、起重机械的能力等工作条件相适应。

选定了工件的装配方法以后，即可根据工件的结构特点、数量和装配技术要求等因素进行装配。

二、地样装配法和仿形装配法

1. 地样装配法

地样装配法是将构件的形状按 1∶1 的实际尺寸直接绘制在装配平台上，然后根据零件的位置进行装配。地样装配方法适用于框架或桁架等构件的装配。如图 6—6 所示为屋架的地样装配，装配时先在平台或地面上放出地样，然后依照地样将零部件组合起来。如图 6—7 所示为方锥管的地样装配，它由四块梯形平板拼接而成，装配前在平台上划出方锥管在俯视图上的投影，如图 6—7a 所示。在外围方口沿线处焊上角钢挡铁，然后将平板下部对准下口线定位，用 90° 角尺放置在上口线的位置，使梯形平板斜靠在 90° 角尺上，即得所需倾斜度，如图 6—7b 所示。依次拼装各块侧板，并进行定位焊。

图 6—6　屋架的地样装配

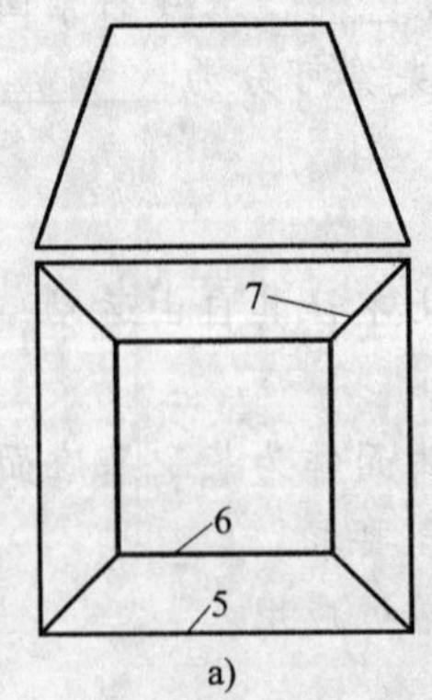

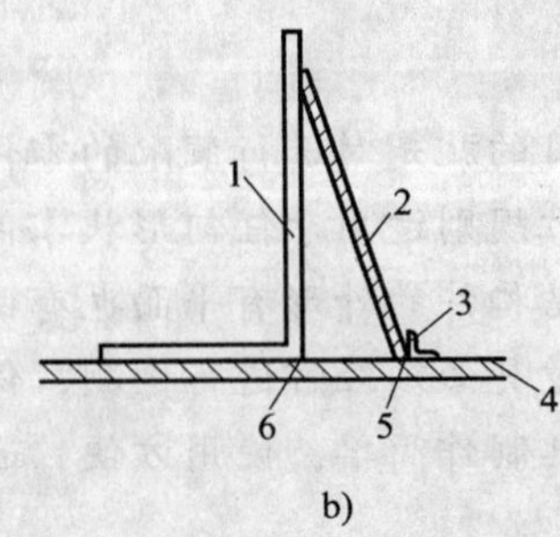

图 6—7　方锥管的地样装配

a）方锥管投影　b）安放平板

1—90°角尺　2—平板　3—角钢挡铁　4—平台　5—下口线　6—上口线　7—接线缝

2．仿形装配法

仿形装配法适用于装配断面形状对称的构件，如屋架、梁、柱等。装配成单面结构，然后以该单件作为样板，复制装配另一面。

如图 6—8a 所示为两角钢组成的简单结构，其断面形状对称，可采用仿形装配法装配。

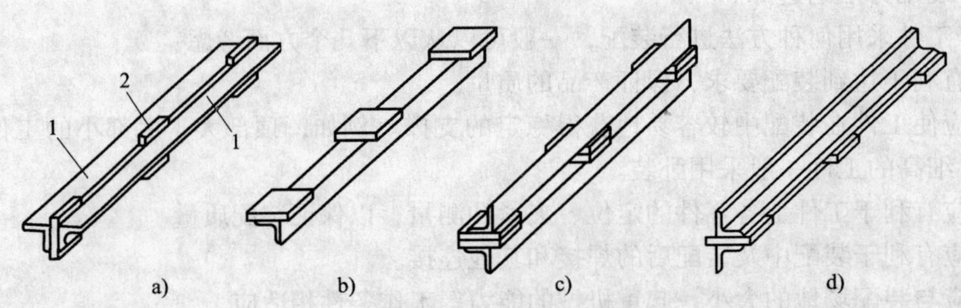

图 6—8　仿形装配法

a）简单结构　b）单面结构　c）仿形复制　d）完成装配

1—角钢　2—连接板

在平台上先装配角钢和连接板，如图 6—8b 所示，连接板和角钢用定位焊固定，这样成为单面结构，以此作为仿形靠模进行复制，仿形装配另一单面结构，如图 6—8c 所示。再卸下上半个的单面结构，装配另一角钢，如图 6—8d 所示，从而完成了整个产品的装配。

三、立装和卧装

1．立装法

立装法是一种自下而上的装配方法，适用断面较大而高度不大的结构，立装又分为正装和倒装。

（1）正装。正装就是按产品使用时的位置自下而上地进行装配，这种方法适用于下部基础较大，且易放置平稳的结构。

如图 6—9 所示为筒体的正装，装配时首先将划好对中线的筒节 1 吊立于平台上，并在上端外壁焊上若干块斜挡铁 4，将划好对中线的筒体 5 吊于筒节 1 上，对中线、找正，用 L 形铁 3 和斜楔 2 调整错边，用调整筒节错位的方法来保证筒体的同轴度，然后定位焊。

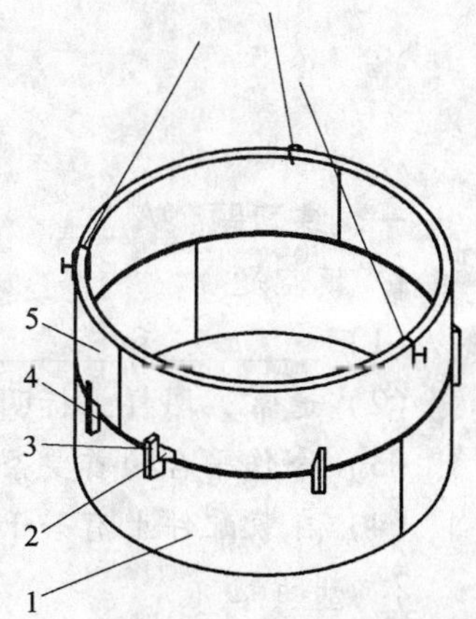

图 6—9　筒体的正装
1—筒节　2—斜楔　3—L 形铁
4—斜挡铁　5—筒体

（2）倒装。倒装就是把构件按使用时位置方向倒过来进行装配，这种方法适用于结构的上部比下部大或正装时不易放稳的结构。

如图 6—10a 所示为电动机底座，上部平面比下部大，倒装比正装的稳定性好，所以采用倒装。倒装时，以上部的面板为基准，按所划的位置线装配各立板和肋板，如图 6—10b 所示，最后装底板。

2. 卧装法

卧装法适用于断面不大但长度较大的细长构件，如多节筒体或立柱的装配。

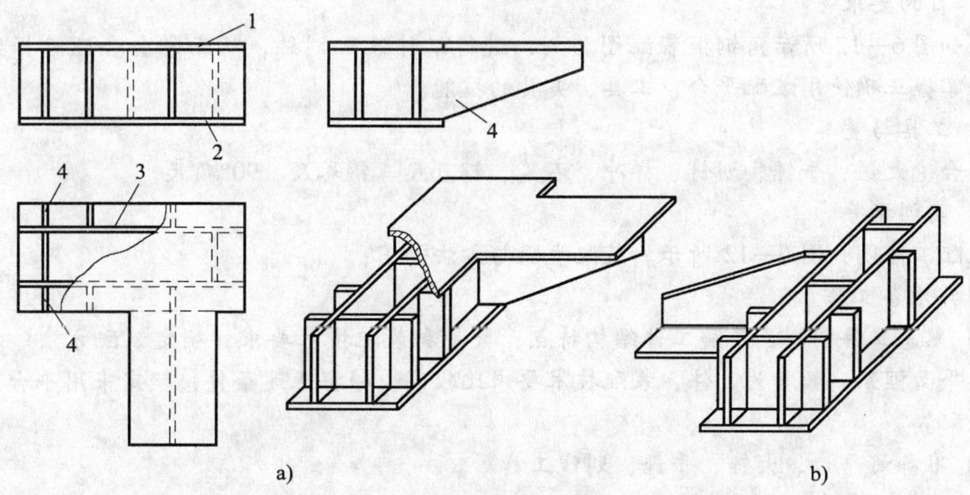

图 6—10　电动机底座的倒装
a）结构　b）装配
1—面板　2—底板　3—立板　4—肋板

如图 6—11 所示为筒体环缝的装配，对多节筒体或长度较长的筒体，通常在滚轮架上进行卧装，可保证其同轴度，又可方便焊接。环缝装配前，先测量两筒体的直径，并且测出外径周长，如存在偏差则必须使两节筒体周长环缝偏差均匀，必要时划出周长的中心线。对于局部不平的圆弧接缝，可用楔铁等工具进行对正调整，并且定位焊固定。

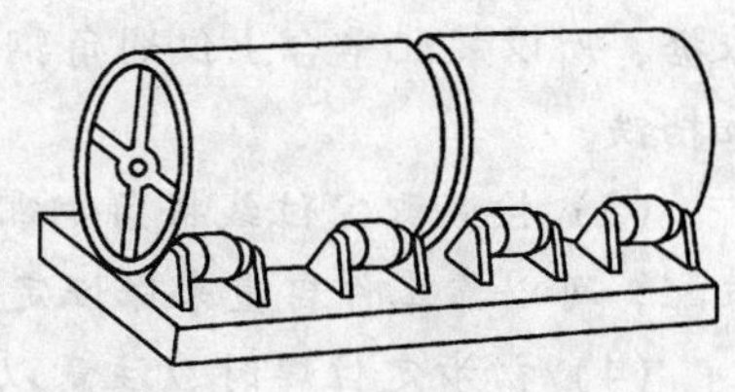
图 6—11　多节筒体的卧装

练习与实训

一、练习题

1. 填空题

(1) ________和________是装配工作的主要依据。

(2) 通常，图样上标明的主要尺寸，一般都是从________基准出发的。

(3) 冷作平台的首要条件是________要符合要求。

(4) 在装配件上有若干个平面时，应选择________的平面作为装配基准面。

2. 判断题

(1) 装配前的准备工作是装配工艺必不可少的一项工作。 ( )

(2) 圆筒对接时，一定要采用卧装。 ( )

(3) 所选的装配方式应有利于工件上各零件的定位、夹紧。 ( )

二、实训与指导

实训一：角钢框的装配

1. 目的要求

以如图6—12所示角钢框装配图为例，进行工件装配训练，从而学会合理选择装配基准，并掌握正确使用装配平台、工具、夹具的技能。

2. 工具与量具

平台、大锤、手锤、划针、样冲、石笔、钢直尺、钢卷尺、90°角尺。

3. 实训指导

装配工件图如图6—12所示。装配步骤与方法如下：

(1) 准备工作

1) 熟悉工件图样，了解工件结构特点、数量和装配技术要求，确定装配方法。本工件为简单平面框架，数量为1件，装配技术要求比较高。根据上述条件，确定采用平台上划线定位装配。

2) 准备好平台、大锤、手锤、划线工具等。

3) 准备好钢卷尺、钢直尺、90°角尺等量具。

4) 制作所需的定位挡铁。

5) 检查角钢零件的规格、尺寸、数量是否与图样要求相符。

(2) 在装配平台上划出装配定位线。因工件为内折弯角钢框，装配定位应以外框线为依据，所以装配平台上仅划角钢外框线（见图6—13）。然后，沿定位线在适当位置焊好定位挡铁。

(3) 按装配定位线将角钢零件摆放定位（见图6—14）。通常情况下，这样简单框架的装配，可以靠零件自重来保证定位的可靠性，而不必采取特殊的夹紧装置。

(4) 初步定位焊时应注意以下几点：

1) 因为零件未用夹具夹紧，故定位焊引弧时不要使零件移动，以免造成零件错位。

2) 定位焊每条对接缝只能焊一点，且焊缝不能过大。否则，定位焊后将无法调整零件间位置、角度。

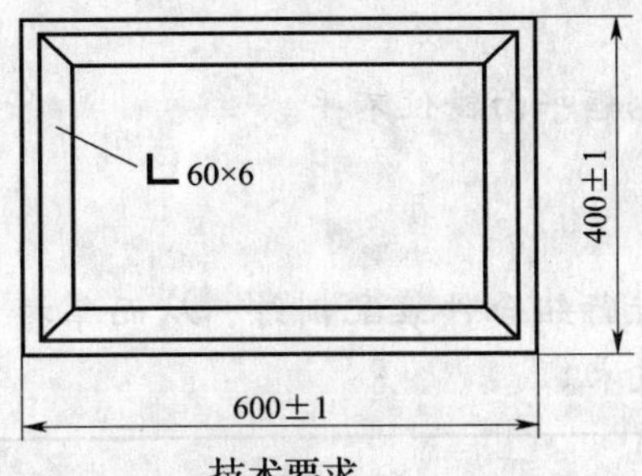

技术要求

1. 框架两对角线相差小于 1.5 mm；
2. 框架平面度偏差小于 1 mm；
3. 对缝间隙 1 mm。

图 6—12　角钢框

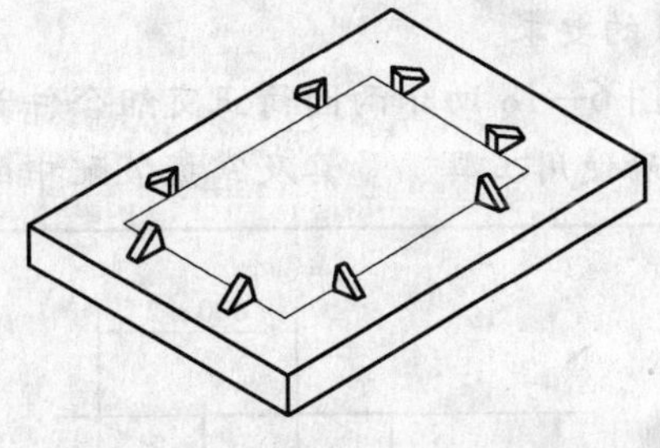

图 6—13　在平台上划出定位线

（5）测量检查并矫正

1）用钢卷尺检验角钢框长度、宽度尺寸。

2）用 90°角尺检验角钢框四角的垂直度。

3）目测角钢框平面的平整程度，也可用钢直尺立放在角钢平面上，检查其平面度（见图 6—15）。

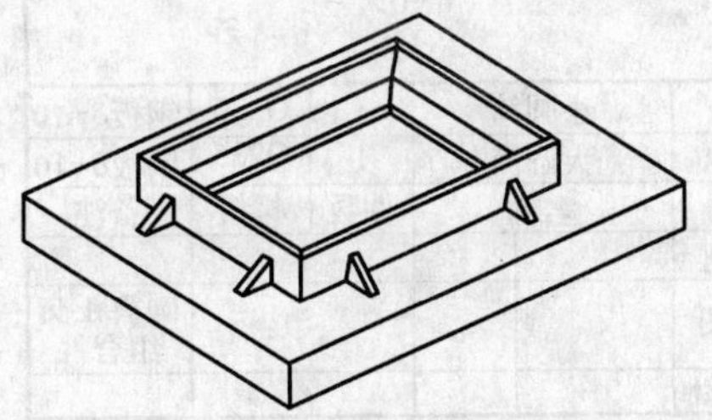

图 6—14　角钢零件摆放定位

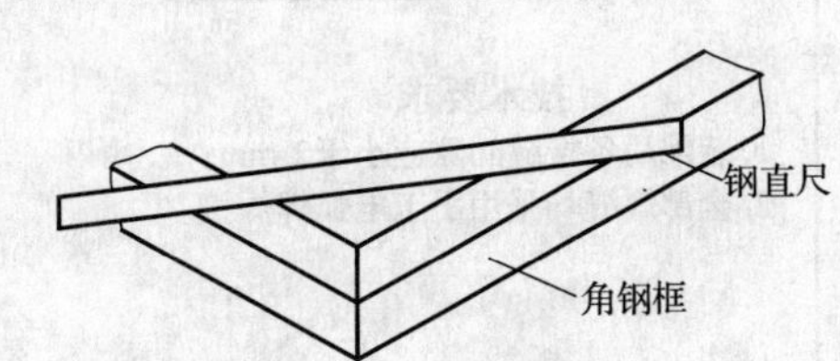

图 6—15　检验角钢框平面度

经检验发现不合格处要予以矫正。如果零件错位或尺寸不对，应断开重新定位、点焊；若框架角度不正确，可将其立在装配台上，撞击矫正，如图 6—16 所示；角钢平面不平整时，可在平台上锤击矫正，如图 6—17 所示。

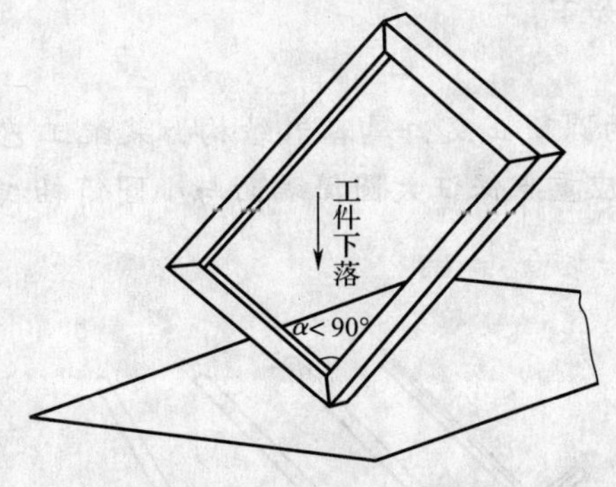

图 6—16　矫正框架角度

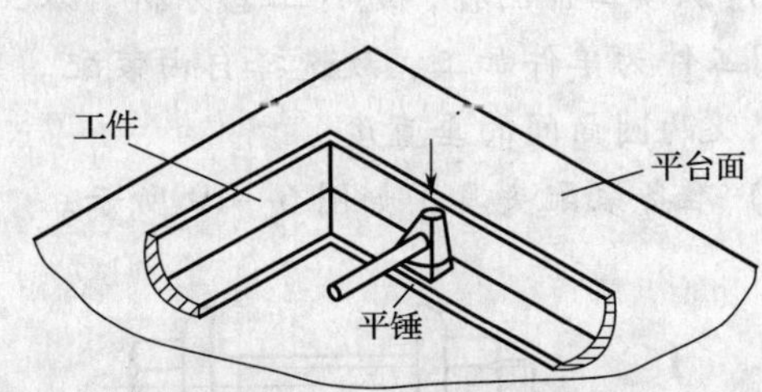

图 6—17　矫正框架平面

（6）角钢框经检查、矫正后，即可完全定位焊。这时，每条焊缝至少应焊接两点，若仅焊一点，将达不到完全定位的目的。

（7）工件施行完全定位焊后，要按图样要求进行全面质量检验。

4．注意事项

装配平台表面应清扫干净，否则极易造成角钢框平面错位不平。

实训二：两圆筒正交组合件的装配

1．目的要求

以如图 6—18 所示两圆筒正交组合件为例，进行组合件装配训练，从而掌握装配方法，并学会正确使用工具、量具及掌握装配中的测量技术。

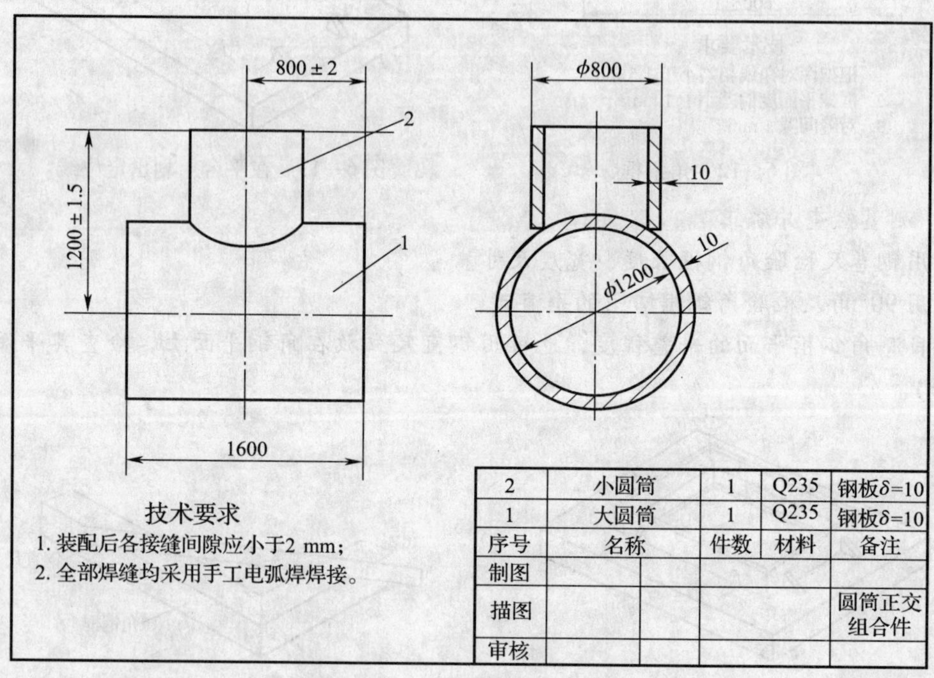

2	小圆筒	1	Q235	钢板δ=10
1	大圆筒	1	Q235	钢板δ=10
序号	名称	件数	材料	备注
制图				
描图				圆筒正交组合件
审核				

图 6—18　两圆筒正交组合件

2．工具与量具

平台、手锤、大锤、划针、样冲、杠杆夹具、钢卷尺、钢直尺、90°角尺。

3．实训指导

装配工件图如图 6—18 所示。装配步骤与方法如下：

（1）准备工作

1）识读工件图样，进行工艺分析。本工件为两圆筒正交，属容器结构，装配工艺较复杂。因工件为单件加工，故选择自由装配。装配中应重点保证大圆筒端面与小圆筒轴线的距离，以及两圆筒间的垂直度。

2）准备装配夹具，如图 6—19 所示。

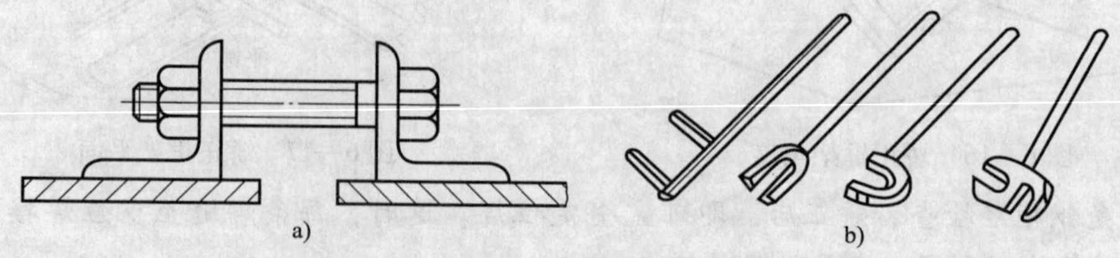

图 6—19　装配夹具
a）螺旋夹具　b）杠杆夹具

其他准备工作与本模块实训一的准备工作相同。

(2) 圆筒纵缝的对接。滚制成的圆筒，常会存在板边搭头、间隙过大、两板边高低不平等缺陷（见图6—20）。圆筒纵缝对接时，应分别采取措施加以解决。

1）放开板边搭头。先以卡形样板测量圆筒各处曲率，找出曲率大于样板曲率处，用大锤击打其外壁，使圆筒曲率变小，直至与样板曲率相符。当圆筒各处曲率均达到标准时，板边搭头则自然放开。

2）消除间隙。在圆筒纵缝两边对应处，分别焊上钻有通孔的角钢，穿入螺栓，拧上螺母（见图6—21）。逐渐旋紧螺母，即可将两板间隙缩小，直至达到要求。

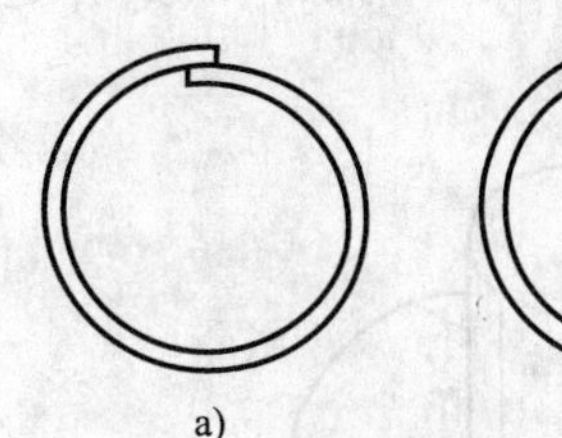

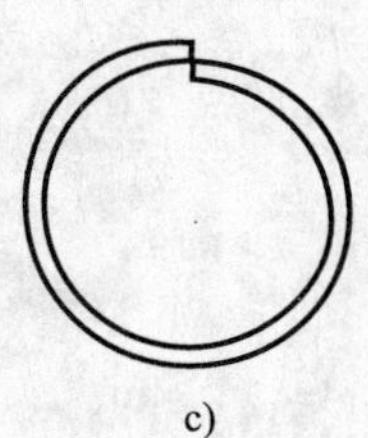

图6—20　滚制圆筒常见的缺陷

a）板边搭头　b）间隙过大　c）两板边高低相错

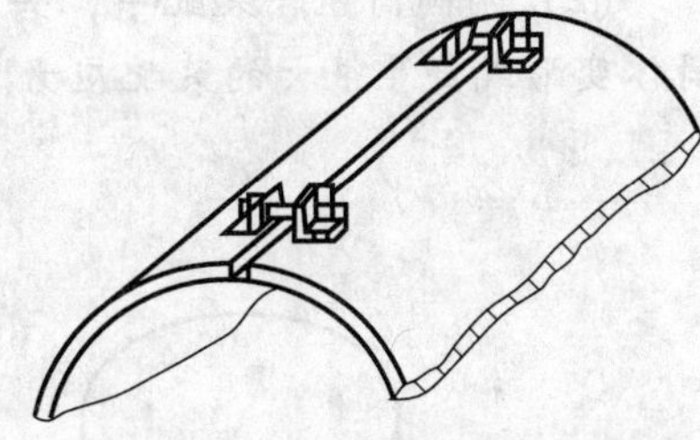

图6—21　消除接缝间隙

3）调平两板边高度。将杠杆夹具插在圆筒端部板缝处，压动杠杆（见图6—22），便可调平圆筒纵缝两板边的高度。

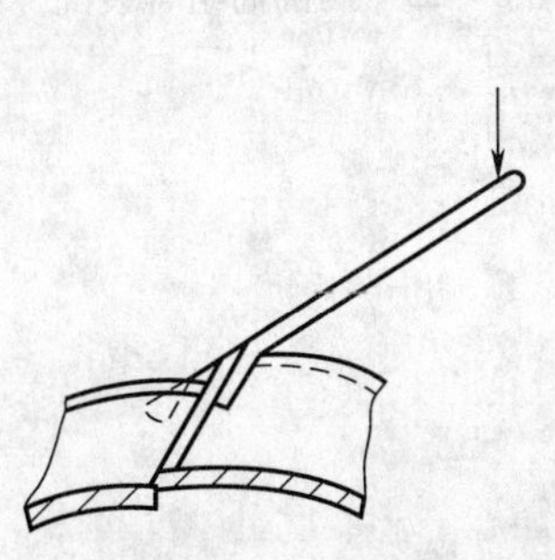

图6—22　调平两板边高度

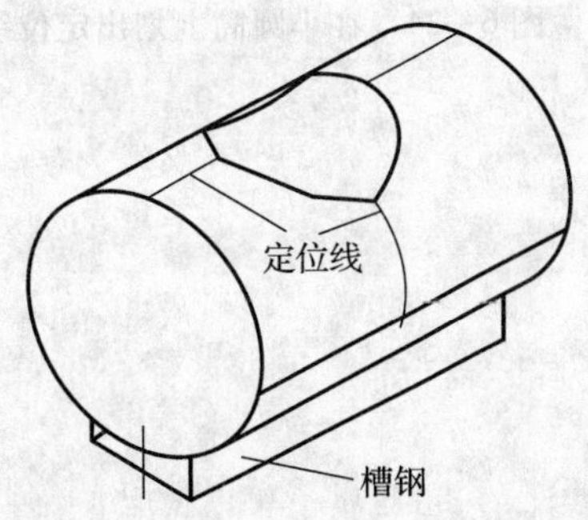

图6—23　大圆筒的支撑形式

经上述装夹调整，确认圆筒缝对接处已平顺接合，便可施行定位焊。

两圆筒的纵缝对接完成后，均需进行质量检验和矫正。

(3) 两圆筒组合装配

1）将大圆筒卧置于平台上，并选一规格合适的槽钢作为支撑，使大圆筒保持稳定（见图6—23）。然后，在圆筒外壁上划出装配定位线。

2）在小圆筒表面划出装配定位线（见图6—24）。

3）将小圆筒放在大圆筒上，并按定位线找正位置。用两圆筒表面的定位线，校正小圆筒轴线距大圆筒端面的尺寸（属间接测量）；小圆筒端面至大圆筒轴线的尺寸，可通过测量大圆筒上端定位线上定位点至小圆筒端面的尺寸来校正（也属间接测量）；两圆筒间的垂直度，则可用90°角尺直接测量校正（见图6—25）。

4）两圆筒之间的相对位置、尺寸校正好后，便可施行定位焊。这时，应使焊点对称分布，以免因焊接变形而影响工件准确定位。

（4）装配质量检验

1）检查工件的位置、尺寸精度是否符合图样要求。

2）检查各接缝间隙是否符合要求。

4．注意事项

（1）大圆筒卧置时，应检查其圆度是否发生变化，若圆筒因自重而发生变形，则应在圆筒内加临时支撑防止变形，以免影响装配精度。

（2）两圆筒组合装配中，若局部接缝间隙过大，不可强行装夹来缩小间隙，以免引起筒体变形或产生很大的装配应力。

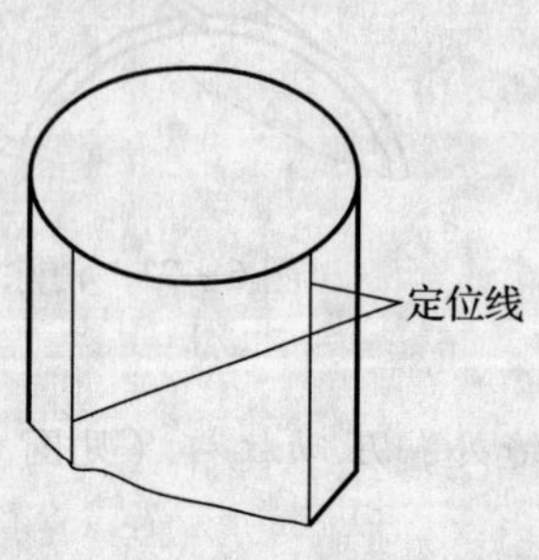

图6—24　在小圆筒上划出定位线

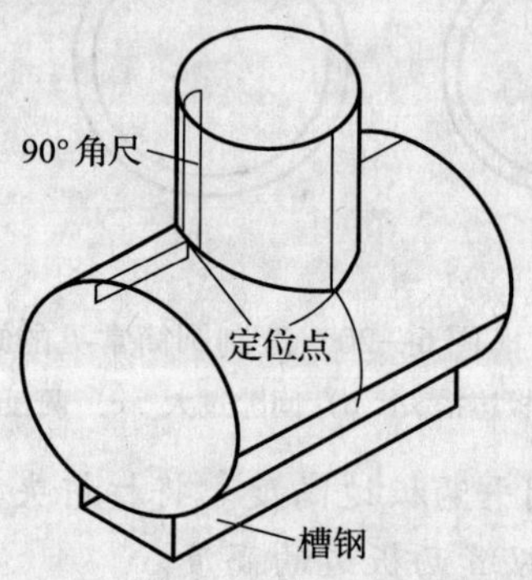

图6—25　两圆筒组合装配

第七单元 连 接

模块一 铆 接

知识技能要求

1. 了解铆接的种类及连接形式。
2. 铆接工件的正确使用。

铆接是冷作工专业中的一个组成部分，金属结构应用铆接已有较长的历史。近几年来，由于焊接和高强度螺纹摩擦连接的发展，铆接的应用已逐渐减少。但由于铆接不受金属种类和焊接性能的影响，而且铆接后结构的应力和变形都比焊接小，所以对于承受严重冲击和振动载荷结构的连接，某些异种金属和轻金属（如铝合金）的连接中，铆接仍被经常采用。

一、铆接原理和应用

利用铆钉把两个或两个以上的零件或构件（通常是金属板或型钢）连接为一个整体，这种连接方法称为铆接。铆接时，使用工具连续锤击或用压力机压缩铆钉杆端，使钉杆充满钉孔并形成铆钉头，如图 7—1 所示。

根据构件的工作要求和应用范围不同，铆接可分为强固铆接、紧密铆接和密固铆接。

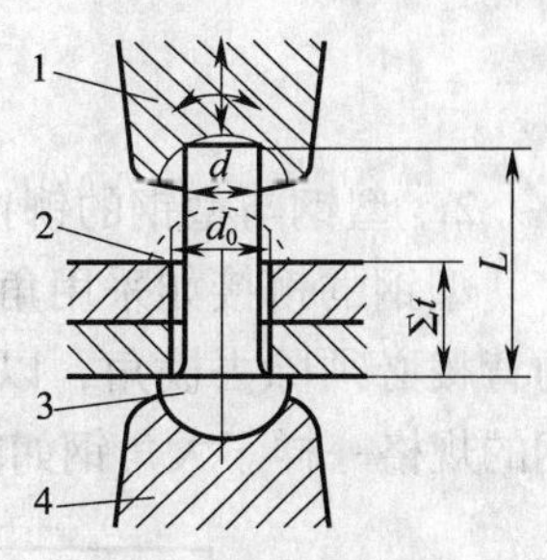

图 7—1 铆接

1—罩模 2—铆钉头 3—预制头 4—顶模

1. 强固铆接

强固铆接主要是要求铆接的强度高，要求铆钉杆能承受大的作用力，保证构件有足够的强度，以保证在重压和施力下不会产生弯曲变形，而对接合缝的严密度无任何要求。强固铆接主要是用在屋架、桥梁、车辆的立柱和横梁上。

2. 紧密铆接

铆钉不承受大的作用力，但对接合缝要求绝对紧密，以防止漏水、漏气。一般常用于储藏液体介质或气体的薄壁结构，如水箱、气箱和油罐。

3. 密固铆接

铆钉不仅能承受大的作用力，又要求接合缝有绝对的密封度，这类构件如压缩空气罐、高压容器和压力管道等。

二、铆接的连接形式

1. 钢板与钢板的铆接

钢板铆接时分搭接和对接两类。

（1）搭接。它是把一块钢板在另一块钢板上进行铆接，如图 7—2 所示。搭接根据所形成构件的强度要求不同按铆钉的排数分类，分有单排、双排、多排。排列的形式分有并列和交错两种。

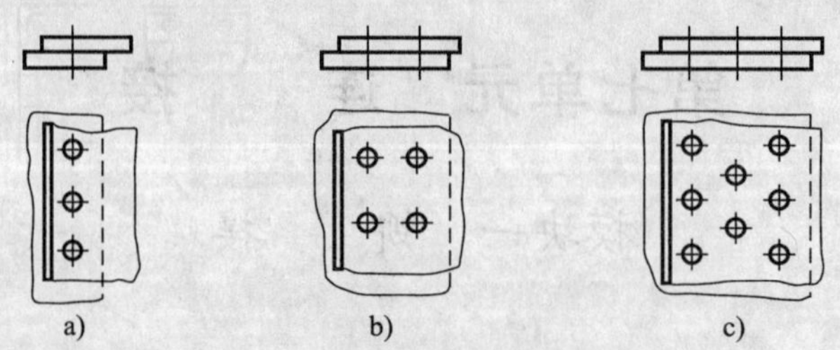

图 7—2 搭接

a）单排 b）双排（并列） c）多排（交错）

（2）对接。它是将两块钢板置于同一平面利用盖板连接，盖板有单盖板和双盖板两种，如图 7—3 所示。每类又根据主板上铆钉的排数分为单排、双排和多排。排列也分为并列和交错两种。

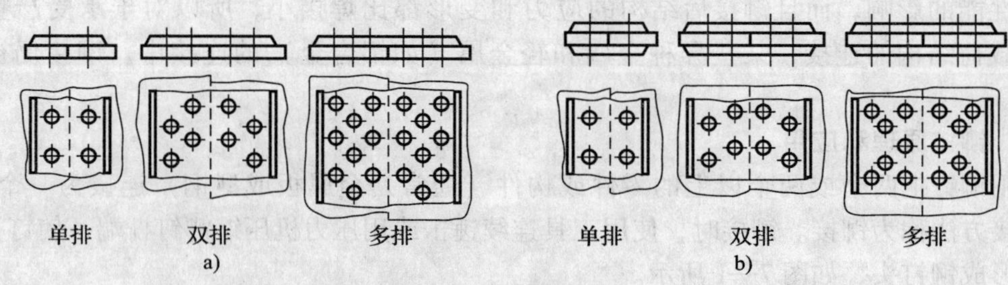

图 7—3 对接

a）对接单盖搭板 b）对接双盖搭板

2. 型钢与型钢的铆接

型钢的铆接如采用角钢连接时，可采用角钢作盖板，以保证连接具有足够的刚度。角钢的背棱必须除去棱角，以便于所连接的角钢能够紧密贴合。角钢的截面尺寸应与所连接的角钢的规格一样。大角钢如能在盖板上布置两排铆钉，则可用平板作盖板复接，如图 7—4 所示。

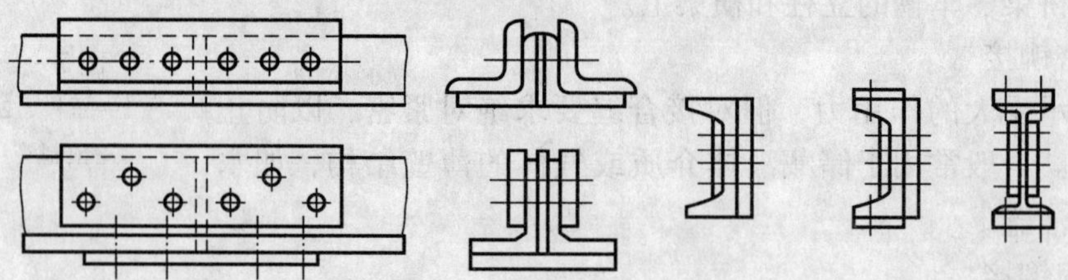

图 7—4 型钢与型钢的铆接

3. 构件互成直角的铆接

两块钢板或两种型钢构件需要连接成丁字形或直角形，一般都用角钢连接，如图 7—5 所示。这种连接方法用于角钢和槽钢的铆接，角钢和工字钢的铆接，在桁架结构中应用最为广泛。

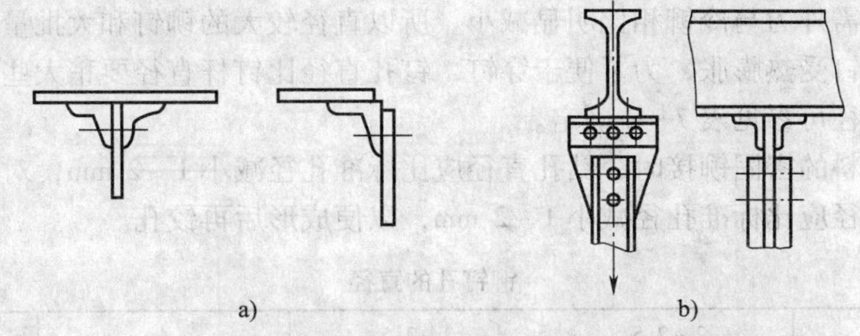

图 7—5　构件互成直角的铆接
a）钢板铆接　b）型钢铆接

三、铆接基本参数的确定方法及操作

铆接的基本参数包括铆钉的直径、长度和孔径等。

1．铆钉直径的确定

在铆接中，若铆钉直径过大，则铆钉头成形困难；若铆钉直径过小，则不能满足强度要求。铆钉直径是根据结构强度要求，主要由板厚确定的。

（1）铆钉直径的选择。一般情况下，结构件板厚δ与铆钉直径 d 的关系如下：

1）单排与双排搭接，取 $d \approx 2\delta$ 。

2）单排与双排双盖板连接，取 $d \approx (1.5 \sim 1.75)\delta$ 。

铆钉直径与板厚的关系见表 7—1。

表 7—1　　　　铆钉直径与板厚的关系　　　　mm

板料厚度 δ	5 ~ 6	7 ~ 9	9.5 ~ 12.5	13 ~ 18	19 ~ 24	>25
铆钉直径 d	10 ~ 12	14 ~ 25	20 ~ 22	24 ~ 27	27 ~ 30	30 ~ 36

（2）材料厚度的确定。材料的厚度须按以下原则确定：

1）搭接厚度相差不大的板料时，取较厚板料的厚度。

2）铆接厚度相差较大的板料时，取较薄板料的厚度。

3）钢板与型材铆接时，取两者的平均厚度。

4）多层板料构件的总厚度不应超过铆钉直径的 5 倍。

2．铆钉长度的确定

铆接质量与铆钉长度有直接关系。若铆钉长度过长，铆钉的镦头就会过大或过高，且容易造成钉杆弯曲；若铆钉长度过短，则镦粗量不足，铆钉头成形不足，将影响铆接的强度和紧密性。

铆钉的长度应根据被连接件的总厚度、钉孔与钉杆的直径以及铆接工艺方法等因素确定。

3．铆钉孔径的确定

铆钉孔径应与铆钉相匹配，铆钉孔径的大小应根据冷、热铆的不同方式来确定。

（1）冷铆。铆钉在常温下的铆接称为冷铆。冷铆时要求铆钉具有良好的塑性。铆接机冷铆时，铆钉直径最大不得超过 25 mm。铆钉枪铆接时，铆钉直径一般限制在 12 mm 以下。

（2）热铆。铆钉加热后的铆接称为热铆。铆钉受热钉杆强度降低，塑性增加，钉头成形容易，铆接所需外力与冷铆相比明显减小。所以直径较大的铆钉和大批量铆接时，通常采用热铆。由于铆钉受热膨胀，为了便于穿钉，钉孔直径比钉杆直径要稍大些。

铆钉孔的直径可参见表 7—2 确定。

进行多层板料的密固铆接时，钻孔直径应比标准孔径减小 1 ~2 mm，对筒形构件，需在弯曲前钻孔，孔径应比标准孔径减小 1 ~2 mm，以便成形后再铰孔。

表 7—2　　　　　　　　　　铆钉孔的直径　　　　　　　　　　mm

<table>
<tr><td colspan="2">铆钉直径 d</td><td colspan="2">2 ~2.5</td><td>3 ~3.5</td><td colspan="2">4</td><td>5 ~8</td></tr>
<tr><td rowspan="2">钉孔直径</td><td>精装配</td><td colspan="5">$d+0.1$</td><td>$d+0.2$</td></tr>
<tr><td>粗装配</td><td colspan="2">$d+0.2$</td><td>$d+0.4$</td><td colspan="2">$d+0.5$</td><td>$d+0.6$</td></tr>
<tr><td colspan="2">铆钉直径 d</td><td>10</td><td>12</td><td>14 ~16</td><td>18</td><td>20 ~27</td><td>30 ~36</td></tr>
<tr><td rowspan="2">钉孔直径</td><td>精装配</td><td>$d+0.3$</td><td>$d+0.4$</td><td>$d+0.5$</td><td colspan="3"></td></tr>
<tr><td>粗装配</td><td colspan="3">$d+1$</td><td>$d+1$</td><td>$d+1.5$</td><td>$d+2$</td></tr>
</table>

四、铆接工具

1. 铆钉枪

铆钉枪主要由把手、枪体、扳机和管子接头组成。枪体顶端孔内可安装各种罩模或冲头，以便进行各种铆接或冲钉工作。管子接头主要用来连接皮管，向枪体内输送压缩空气，以给铆钉枪动力进行工作，如图 7—6 所示。

2. 铆接机

如图 7—7 所示，铆接机是利用液压或气压产生压力使钉杆变形并形成铆钉头，因此在工作时无噪声。由于铆接机产生的压力较大而且均匀，所以铆接强度较高，同时钉头表面也光洁。

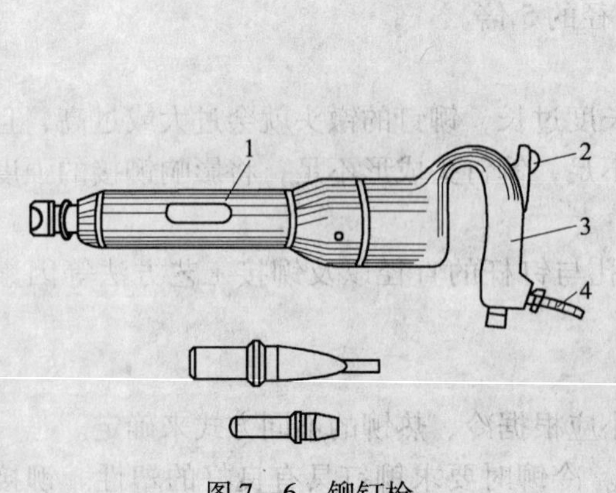

图 7—6　铆钉枪

1—枪体　2—扳机　3—把手　4—管子接头

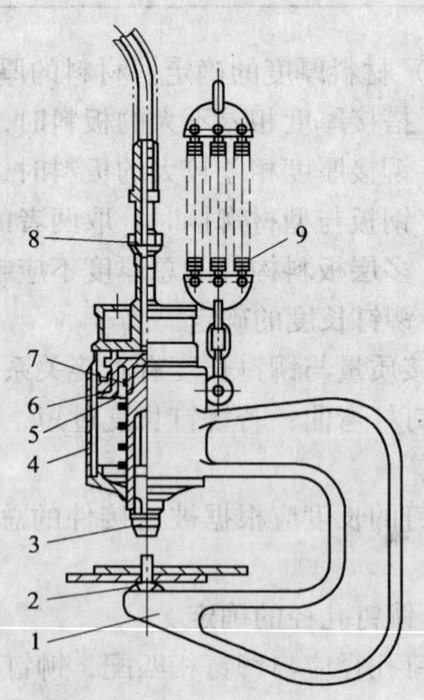

图 7—7　液压式铆接机

1—机架　2—顶模　3—罩模　4—油缸　5—活塞　6—密封垫　7—弹簧　8—管接头　9—弹簧

铆接机有固定式和移动式两种，固定式铆接机生产效率高，但由于设备费用较高，适用于专业生产中；移动式铆接机工作灵活，应用广泛，这种铆接机有气动、液压和电动3种。

练 习 题

1. 填空题

(1) 要求铆钉承受大的作用力，而对密封无特殊要求的构件采用________。

(2) 被连接件的总厚度，不应超过铆钉直径的________。

(3) 用铆钉枪铆接时，铆钉直径一般限制在________以下。

(4) 铆钉枪主要由________、枪体、扳机和________组成。

2. 判断题

(1) 铆接常用于承受严重冲击或振动载荷构件的连接。 ( )

(2) 铆接时，铆钉的好坏对铆接质量影响不大。 ( )

(3) 热铆过程应尽可能在短时间内迅速完成。 ( )

(4) 当铆钉材料塑性差或直径较大时，不适应冷铆，须采用热铆。 ( )

模块二 焊 接

知识技能要求

1. 了解焊接原理及焊接方法分类。

2. 掌握焊接设备的使用和一般焊接工艺。

由于焊接技术的高速发展，采用焊接方式的金属结构连接广泛应用于冷作专业。焊接就是通过加热或加压，或者两者并用，并且用或不用填充材料，使焊件达到原子结合的一种加工方法。焊接的方法很多，按焊接工作原理及特点，一般可分为熔焊、压力焊和钎焊三大类。

一、手工电弧焊的基本知识

手工电弧焊是利用电弧热使焊条和工件接缝金属熔化，冷却后形成牢固的焊缝。它是熔焊中最基本的一种焊接方法。

手工电弧焊使用的设备简单，操作方便、灵活，适应各种条件下的焊接，是生产中应用最广泛的一种焊接方法。

1. 手工电弧焊的基本原理

手工电弧焊利用焊条和焊件作为两个电极，焊接时，由电弧焊机提供焊接电源，利用电弧热使工件和焊条同时熔化，焊件上的熔化金属在电弧吹力下形成一凹坑，称为熔池。焊条熔滴借助电弧吹力和重力作用，过渡到熔池中（见图7—8）。药皮熔化后，在电弧吹力的搅拌下，与液体金属发生快速强烈的冶金反应，反应后形成的熔渣和气体不断地从熔化金属中排出，浮起的熔渣覆盖在焊缝表面，逐渐冷凝成渣壳。排出的气体减少了焊缝金属生成气孔的可能性。同时围绕在电弧周围的气体与熔渣，共同防止了空气的侵入，使熔化金属缓慢冷却，熔渣对焊缝的成形起着重要的作用。随着电弧向前移动，焊件和焊条金属不断熔化形成新熔池，原先的熔池不断地冷却凝固，形成连续焊缝。

焊接过程实质上是一个冶金过程。它的特点是：熔池温度很高，加上电弧的搅拌作用，使冶金反应进行得非常强烈，反应速度快；由于熔池的体积小，存在的时间短，所以温度变化快；参加反应的元素多。

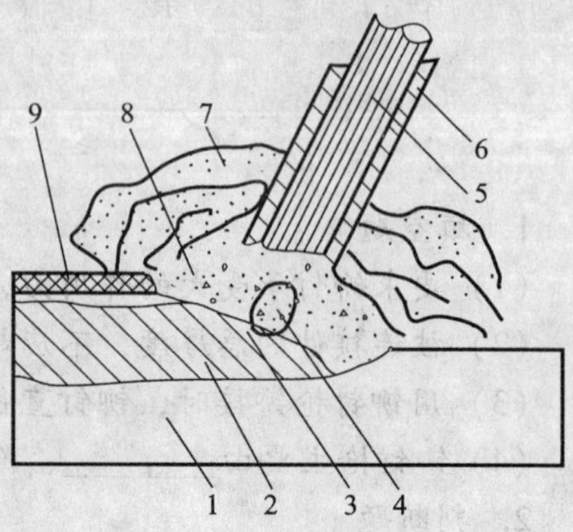

9 8 7 6 5 1 2 3 4

图 7—8　电弧焊接过程

1—工件　2—焊缝　3—熔池　4—金属熔滴
5—焊条　6—焊条药皮　7—气体
8—液态熔渣　9—固态熔渣

2. 电焊条

电焊条是由钢焊芯和药皮组成。分工作部分和尾部。工作部分供焊接用，尾部供焊把夹持使用。

常用的焊条直径为 2.5 mm、3.2 mm、4.0 mm、5.0 mm等几种。焊芯越细，焊条长度越短。一般焊条长度在 250 ~ 450 mm。

（1）焊芯。焊芯起导电作用，熔化后成为填充焊缝金属材料。

（2）药皮。药皮起稳定电弧、保护熔化金属、去除有害杂质、添加有益合金元素的作用。

3. 焊机

焊条电弧焊具有焊接设备简单、操作简便、适应环境强的特点。

常用的焊条电弧焊机有：弧焊变压器、弧焊整流器、弧焊发电机三种类型。按照供应的电流性质，可分为交流弧焊机和直流弧焊机两大类。弧焊变压器属于交流弧焊机，而弧焊整流器和弧焊发电机属于直流弧焊机。

（1）BX1 - 500 型弧焊变压器。该焊机属于动铁心式，如图 7—9 所示。

（2）ZX7 - 400 型弧焊整流器。该焊机属于逆变整流弧焊电源。焊机外形如图 7—10 所示。

图 7—9　BX1 - 500 型弧焊变压器

图 7—10　ZX7 - 400 型弧焊整流器

（3）弧焊发电机。弧焊发电机是一种特殊的直流发电机，它的发电原理与普通直流发电机相同，但缺点是其体积大、耗材多、电能消耗高、成本高、使用时噪声大，属于逐渐淘汰产品。因此，不做详细讲述。

二、手工电弧焊的工艺

手工电弧焊时，焊接工艺主要是指焊条直径和焊接电流。

1. 焊条直径的选择

焊条直径的选择主要取决于焊件的厚度，厚度越大，则焊缝需要填充的金属也越多，因此，应选用较大直径的焊条。工件厚度与焊条直径的关系见表7—3。

表7—3　焊条直径的选择　mm

工件厚度	≤1.5	2	3	4~7	8~12	≥13
焊条直径	1.6	1.6~2	2.5~3.2	3.2~4	4~5	5~5.8

2. 焊接电流的选择

焊接电流是焊条电弧焊最重要的工艺参数，也可以说是唯一的独立参数，因为焊工在操作过程中需要调节的只有焊接电流，而焊接速度和电弧电压都是由焊工控制的。焊接电流越大，熔深越大（焊缝宽度和余高变化都不大），焊条熔化快，焊接效率也高。

选择焊接电流时，要考虑的因素很多，如焊条直径，药皮类型、工件厚度、接头类型、焊接位置、焊道层次等。但主要由焊条直径、焊接位置和焊道层次决定。

3. 引弧方法

引弧方法有划擦引弧法和直击引弧法两种，如图7—11所示。

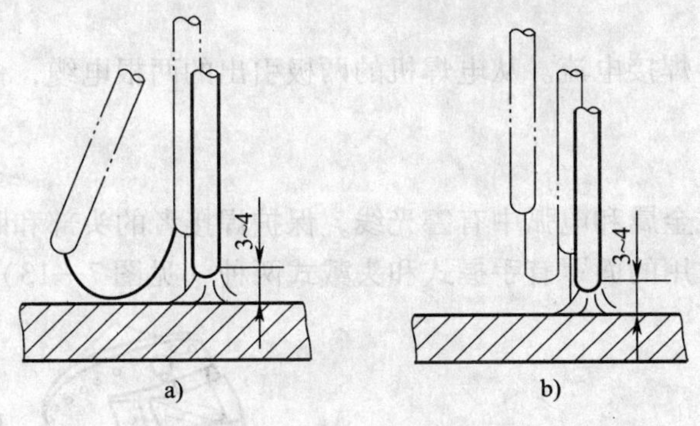

图7—11　引弧方法

a）划擦引弧法　b）直击引弧法

（1）划擦引弧法。先将焊条末端对准焊件，将手腕扭转一下，就像划火柴一样使焊条在焊件表面轻微划擦一下（划擦长度为20 mm左右，并应落在焊缝范围内），然后手腕扭平，并将焊条提起3~4 mm，引燃电弧后应立即使弧长保持在所用焊条直径相适应的范围内。

（2）直击引弧法。先将焊条末端对准焊缝，然后手腕放下使焊条端部轻轻碰击一下焊件，随即将焊条提起3~4 mm，产生电弧后迅速将手腕放平，并使弧长也保持在与所用焊条直径相适应的范围内。

4. 运条方法

运条包括沿焊条轴线向熔池方向送进、沿焊接方向的纵向移动和横向摆动三个动作。

（1）焊条沿轴线向熔池方向送进。使焊条熔化后，能继续保持电弧的长度不变，因此，要求焊条向熔池方向送进的速度与焊条熔化的速度相等。如果焊条送进的速度小于焊条熔化的速度，则电弧的长度将逐渐增加，导致断弧；如果焊条送进速度太快，则电弧长度迅速缩短，使焊条末端与焊件接触发生短路，同样会使电弧熄灭。

（2）焊条沿焊接方向的纵向移动。此动作使焊条熔敷金属与熔化的母材金属形成焊缝。

焊条移动速度对焊缝质量、焊接生产率有很大影响。如果焊条移动速度太快，则电弧来不及熔化足够的焊条与母材金属，产生未焊透或焊缝较窄；若焊条移动速度太慢，则会造成焊缝过高、过宽、外形不整齐，在焊较薄焊件时容易焊穿。移动速度必须适当才能使焊缝均匀。

（3）焊条的横向摆动。横向摆动的作用是为获得一定宽度的焊缝，并保证焊缝两侧熔合良好。其摆动幅度应根据焊缝宽度与焊条直径决定。横向摆动力求均匀一致，才能获得宽度整齐的焊缝。正常的焊缝宽度一般不超过焊条直径的2~5倍。

5．焊缝的收尾

焊缝焊完时，如果立即熄弧，会在焊缝末端形成低于焊件表面的弧坑。过深的弧坑很容易产生应力集中而形成裂纹，影响焊缝质量。为了让熔化金属填满弧坑，应在焊接收尾时，焊条停止前移，做圆弧运动，待填满弧坑后再拉断电弧。

三、焊接工具的使用

手工电弧焊常用的工具有电焊钳、焊接电缆、面罩和清理工具等。

1．电焊钳

电焊钳又称焊把（见图7—12），用于夹持焊条和传导电流。焊钳应满足重量轻、导电性好的要求，而且要使更换焊条方便。

2．焊接电缆

焊接电缆用来传导焊接电流。从电焊机的两极引出的两根电缆，一根连接焊钳，另一根连接焊接平台或工件。

3．面罩

面罩用于遮挡飞溅金属和电弧中有害光线，保护焊接者的头部和眼睛，同时又是观察焊接过程的重要工具。常用的面罩有手握式和头戴式两种（见图7—13）。

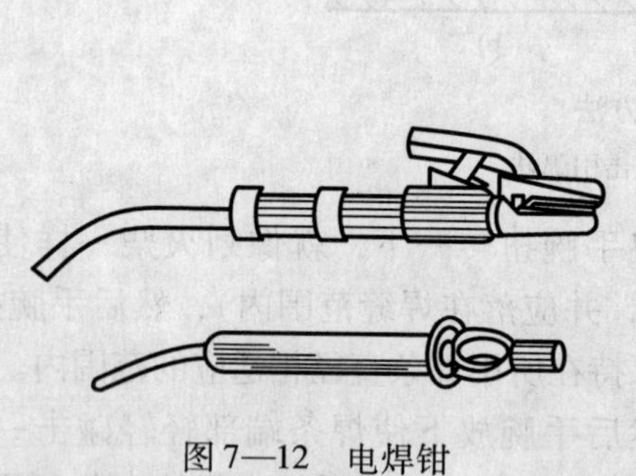

图7—12　电焊钳

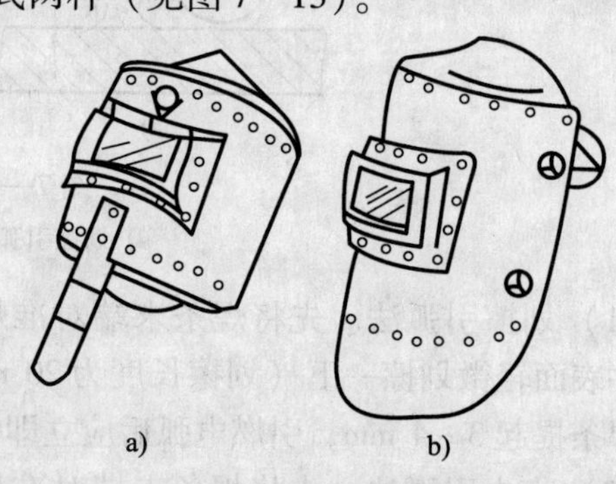

图7—13　面罩

a）手握式　b）头戴式

4．清理工具

清理工具有钢丝刷和清渣锤等。

练习与实训

一、练习题

1．填空题

（1）按照焊接过程中金属所处的状态不同可把焊接方法分为________、压力焊和钎焊三大类。

(2) 手工电弧焊的焊接规范主要包括焊条________和焊接电流两方面。

(3) 焊接是利用物体________间产生的结合作用来实现连接的。

(4) 焊丝的直径取决于被焊工件的厚度，焊件越厚则焊丝的直径应________。

(5) 焊条电弧焊使用碱性焊条时，应采用________。

2. 判断题

(1) 酸性焊条和碱性焊条都属于电焊条，因此，无论交流焊机还是直流焊机都能使用。 ( )

(2) 因为焊接是利用物体原子间产生的结合作用来实现连接的，所以，它是一种化学形式的连接。 ( )

(3) 焊条电弧焊使用碱性焊条时，可采用正极性接法。 ( )

(4) 焊条电弧焊使用酸性焊条时，可使用反极性接法。 ( )

二、实训与指导

实训：平焊

1. 目的要求

以如图 7—14 所示的平焊工件图为例，进行平焊训练，从而掌握焊机的正确使用方法，掌握平焊的焊接基本操作要领。

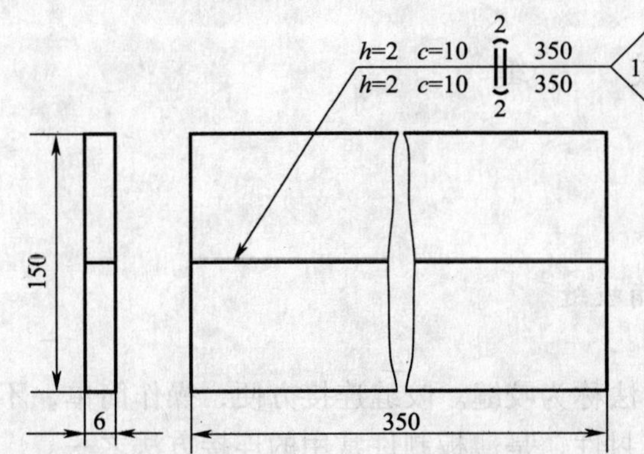

技术要求

1. 焊件组装后两板的焊缝间隙为2.0 mm，两板面应平直。
2. 焊件采用双面焊，焊缝宽为10 mm。
3. 焊缝高度应控制在1~2 mm。
4. 焊缝应成形美观、平直，无咬边、夹渣和气孔等缺陷。

图 7—14 不开坡口的对接平焊工件

2. 设备与工具

焊机、焊钳、面罩、平台、扁铲、手锤、敲渣锤、钢丝刷、锉刀。

3. 实训指导

(1) 准备工作

1) 不开坡口对接平焊工件图，如图 7—14 所示。

2) 不开坡口对接平焊工艺规范选择

①选择焊条直径。因为焊条直径的大小根据板厚来确定，如图 7—14 所示焊件由于板件较薄，采用双面单层焊。所以正面焊缝应选用 ϕ4.0 mm 的焊条，焊接反面的封底焊缝则应选用 ϕ3.2 mm 的焊条施焊。

②选择焊接电流。由于该件焊接位置为平焊，直径 ϕ3.2 mm 的焊条，焊接电流应选择 90 ~ 130 A；ϕ4.0 mm 的焊条，焊接电流应选择 160 ~ 210 A。

(2) 焊接步骤与方法

平焊的焊接步骤与方法，主要包括准备焊件、引弧、运条、接头、收尾和焊缝清理等几个环节。

1）准备焊件。焊件应按照工件图要求的材质、尺寸剪裁好。弯曲变形板件需矫正好，最后按要求的焊缝间隙进行点焊固定。

2）引弧。引弧时，焊件处于常温，电弧的穿透力受阻，熔化金属的冶金反应受到影响，出现焊缝高熔池浅的现象，而且易产生气孔。因此，引弧位置通常选在焊接起点后面10 mm处，引燃后移至起点对工件预热，然后转为正常焊接。

3）运条。进入正常焊接后，焊条要保证三个方向的运动。

4）焊条的接头与收尾。焊缝焊完时，如果立即结束焊接，就会出现低于焊件表面的弧坑，所以直至填满弧坑后才能结束焊接。

5）焊缝的清理。焊接结束后，焊缝上面覆盖着一层药皮，清除药皮时，应该待焊件温度降低后，再用清渣锤轻轻将其敲掉。对焊件上的飞溅金属，则可用扁铲铲除。

4. 注意事项

(1) 焊接操作前，必须穿戴好劳动保护用品，以防触电、弧光灼伤和烫伤。

(2) 按照焊机的额定焊接电流和负载持续率来使用焊机，以防焊机过载损伤。

(3) 在敲打焊缝药皮时，要防止被固态药皮烫伤和击伤眼睛。

模块三　咬　缝

知识技能要求

1. 了解咬缝的连接形式。

2. 能够使用咬接工具进行一般要求的平、角咬缝。

将薄板的边缘相互折转、扣合压紧的连接方法称为咬缝。咬缝连接方便，操作简单，不需要特殊设备和加热，具有一定的连接强度和密封性，是薄板制件常用的连接方法之一。

一、咬缝的连接形式

咬缝根据结构连接的需要有多种连接形式，如图7—15所示。

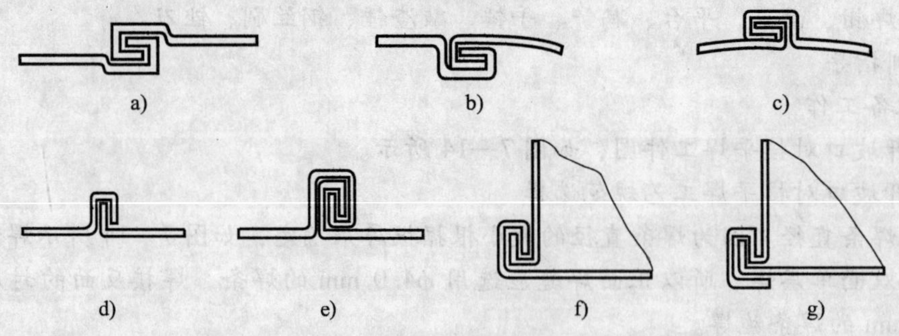

图7—15　咬缝连接形式

a)、b)、c) 平式单咬缝　d)、e) 立式咬缝　f)、g) 角咬缝如图 7—15a、b、c 所示为平式单咬缝，它具有一定的连接强度，操作方便，所以一般薄板结构的平连接均采用平式单咬缝。由于结构的要求不同，可将平式单咬缝加工成如图 7—15b 所示的外平口或如图 7—15c 所示的内平口，如火炉烟囱圆管需要插入其他零件内，要求外面平滑，此时应将连接处的接缝制成外平口；而盆、桶等接缝，要求内壁平滑，则应将接缝加工成内平口。

如图 7—15d、e 所示分别为立式单咬缝和立式双咬缝，该种咬缝具有较高的连接强度和刚度，常用于大直径多节弯管及管道的连接。

如图 7—15f 所示为双折角咬缝，它具有较高的连接强度，常用于盆、桶底部的连接，以及矩形管的角连接等。

如图 7—15g 所示为外包角咬缝，它外表平整，刚度好，连接时不需要内衬铁，操作方便，适用于矩形弯管、各种罩壳及内部无法放置衬铁结构的角连接。

二、咬缝的咬接工艺

1. 咬缝的咬接制作步骤

咬缝的咬接通常是手工操作，一般制作步骤如下：

(1) 根据咬缝形式计算咬缝余量。

(2) 在板边划出咬缝折弯线。

(3) 按折弯线折弯板边。

(4) 将两边扣合并压紧，完成咬接。

2. 平式单咬缝的咬接

平式单咬缝一般用于 0.2 ~ 1.5 mm 板料的连接，其咬缝宽度随板料厚度而定，当板料厚度在 0.2 ~ 0.5 mm 时，咬缝宽度取 3 ~ 5 mm；板料厚度在 0.75 ~ 1.5 mm，其宽度在 5 ~ 8 mm。平式单咬缝余量等于咬缝宽度的 3 倍。其咬接过程如下，如图 7—16 所示。

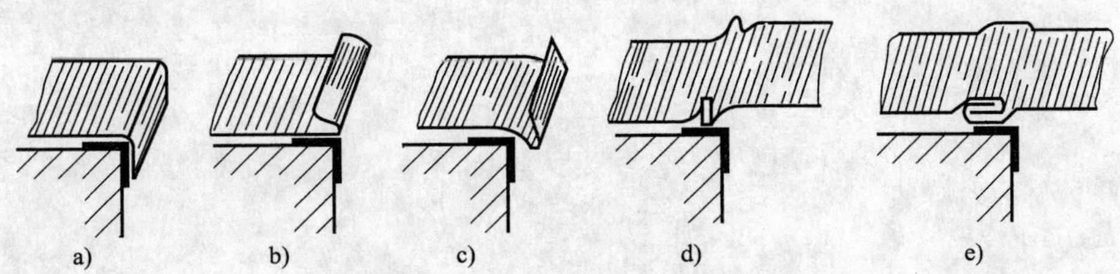

图 7—16　平式单咬缝的咬接

a) 折弯成直角　b) 进一步折弯　c) 折弯约 45°　d) 两板扣合　e) 敲紧咬合

(1) 根据板厚确定咬缝宽度，并放出 3 倍于咬缝宽度的咬接余量。

(2) 在板边划出咬缝折弯线（一板边为咬缝宽度；另一板边为 2 倍于咬缝宽度）。

(3) 将板边的折弯线对准方杠的棱角或平台边棱，用木拍敲击折弯成直角，如图 7—16a 所示。

(4) 将板料翻身，用木拍敲打板边进一步折弯，如图 7—16b 所示。注意折弯时要留出大于板厚的间隙，否则另一板边无法插入而不能咬接。

(5) 将板料前移略大于折弯板边宽度的距离，用木拍敲击折弯约 45°，如图 7—16c 所示。另一板边也用同样方法制作。

（6）将两板边扣合，并敲击压紧完成咬合，如图 7—16d、e 所示。

3. 角单咬缝的咬接

角单咬缝的宽度由板料的厚薄来确定，一般在 3～8 mm，薄板取较小值；厚板则取较大值。角单咬缝咬接余量为咬缝宽度的 3 倍。其制作过程如下，如图 7—17 所示。

（1）根据板料的厚度确定咬缝宽度，放出咬接余量（一边为咬缝宽度；另一边为咬缝宽度的 2 倍），在板边划出折弯线。

（2）将折弯线对准平台或方杠棱角，用木拍折弯成直角，然后将板料翻身，用木拍敲击进一步折弯（留出大于板厚的间隙），如图 7—17a、b 所示。

（3）将另一板折弯成直角，然后翻身让已折弯的板料挂扣于直边上，如图 7—17c 所示。

（4）将挂扣的直边部分折弯、压紧完成咬合，如图 7—17d 所示。

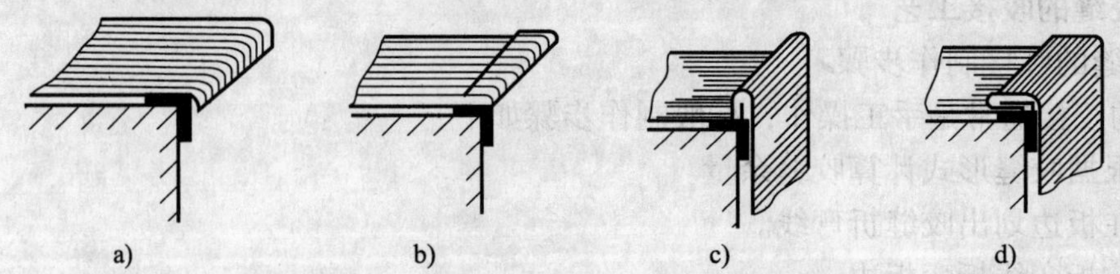

图 7—17　角单咬缝的咬接

a）折弯成直角　b）进一步折弯　c）两板挂扣　d）敲紧咬合

练习题答案

第一单元

模块一

1. 填空题

(1) 设计基准　(2) 号料样板　成形样板　定位样板　(3) 点　线　面

2. 选择题

(1) B　(2) C　(3) B

模块二

1. 填空题

(1) 作图法　计算法　作图法　(2) 可展表面　不可展表面　(3) 平行线法　放射线法　三角形法　(4) 相互平行　(5) 相交于一点　(6) 一个　(7) 三角形

2. 选择题

(1) B　(2) C　(3) A　(4) C

第二单元

模块二

1. 填空题

(1) 冲击 (2) 高速钢　(3) 錾削　(4) 118°　(5) 手用丝锥　机用丝锥

2. 判断题

(1) √　(2) ×　(3) √　(4) ×

第三单元

模块一

填空题

(1) 附加应力　强度　(2) 冷矫正　热矫正　(3) 700 ~ 1 000℃　(4) 弹性　塑性　(5) 焊接

模块二

判断题

(1) ×　(2) √　(3) √

模块三

1. 填空题

(1) 点状加热　线状加热　三角形加热　(2) 矫正力

2. 选择题

(1) B　(2) A

第四单元

模块一

1．填空题

(1) 剪切力　剪切变形　(2) 大　(3) 弹性变形阶段　塑性变形阶段　剪裂阶段

(4) 曲轴冲床　偏心冲床　(5) 冲床吨位　额定功率

2．判断题

(1) √　(2) ×　(3) ×　(4) ×　(5) √

模块二

1．填空题

(1) 0.15 MPa　1.5 ~ 2.5 m^3/h　(2) 天蓝色　黑色　白色　红色

(3) 金属预热　金属燃烧　氧化物被吹除　(4) 熔化　燃烧

2．判断题

(1) √　(2) ×　(3) ×

第五单元

模块一

1．填空题

(1) 矫正弯形　(2) 弯曲线的方向　(3) 变薄　(4) 内应力　屈服点　(5) 塑性

2．判断题

(1) √　(2) ×　(3) ×　(4) ×　(5) √

模块二

1．填空题

(1) 三轴对称式　(2) 向下调节　(3) 有利　(4) 大小口 (5) 自由

2．判断题

(1) √　(2) ×　(3) ×　(4) ×　(5) ×

第六单元

模块一

1．填空题

(1) 定位　(2) 夹紧　(3) 6　(4) 压紧　顶紧　(5) 手动夹具

2．判断题

(1) ×　(2) √　(3) ×　(4) √　(5) √

模块二

1．填空题

(1) 产品图样　工艺规程　(2) 设计　(3) 平面度　(4) 较大

2．判断题

(1) √　(2) ×　(3) √

第七单元

模块一

1．填空题

（1）强固铆接　（2）5 倍　（3）12 mm　（4）把手　管子接头

2．判断题

（1）√　（2）×　（3）√　（4）√

模块二

1．填空题

（1）熔焊　（2）直径　（3）原子　（4）越大　（5）直流反接法

2．判断题

（1）×　（2）×　（3）×　（4）×